高职高专机械类专业系列教材

机械设计基础
课程设计指导书

主　编　赵永刚
副主编　曾海燕
参　编　柴艳荣
主　审　祁建中

机 械 工 业 出 版 社

本书为赵永刚主编的《机械设计基础》的配套教材，但独立性强，可配套其他版本教材使用。本书结合学生的认知能力和素质基础，从指导课程设计的实用角度出发，按照课程设计的总体思路和顺序讲解，循序渐进、由浅入深，详细讲解了课程设计中的各个环节。

本书可供高职高专院校机械类、近机类专业进行课程设计使用，也可供有关专业技术人员参考。

图书在版编目（CIP）数据

机械设计基础课程设计指导书/赵永刚主编. —北京：机械工业出版社，2014.1（2021.1 重印）
高职高专机械类专业系列教材
ISBN 978-7-111-46090-9

Ⅰ.①机… Ⅱ.①赵… Ⅲ.①机械设计—课程设计—高等职业教育—教学参考资料 Ⅳ.①TH122-41

中国版本图书馆 CIP 数据核字（2014）第 044226 号

机械工业出版社（北京市百万庄大街 22 号 邮政编码 100037）
策划编辑：王海峰 责任编辑：王海峰 王英杰 韩 冰
版式设计：常天培 责任校对：陈 越
封面设计：鞠 杨 责任印制：郜 敏
北京圣夫亚美印刷有限公司印刷
2021 年 1 月第 1 版第 7 次印刷
184mm×260mm · 9.75 印张 · 207 千字
标准书号：ISBN 978-7-111-46090-9
定价：29.00 元

电话服务
客服电话：010－88361066
010－88379833
010－68326294

网络服务
机 工 官 网：www.cmpbook.com
机 工 官 博：weibo.com/cmp1952
金 书 网：www.golden-book.com
机工教育服务网：www.cmpedu.com

前　　言

机械设计基础课程设计是“机械设计基础”课程教学中不可或缺的重要环节。为了解决学生在课程设计中遇到的实际问题，根据高职高专“机械设计基础”课程教学的基本要求，结合多年教学实践经验，特编写本书。本书特色如下：

1）全书集教学指导、设计资料、参考图册于一体，在满足一般机械设计基础课程设计的前提下，力求内容精简、资料新颖，便于教学和满足实际工程需要。

2）本书编排顺序按照课程设计的总体思路和课程设计的进程排序，将涉及的基本原则和方法与设计的灵活性整合，有利于培养学生独立工作能力并注重发挥其创造性。

3）本书以常见的圆柱齿轮减速器设计为主，围绕机械设计基础课程设计的需要，除介绍减速器设计的方法和步骤外，为方便设计，还收录了课程设计的题目，供教师下达设计任务书时选用。

4）本书采用了最新的国家标准和规范。

本书由郑州电力职业技术学院赵永刚任主编，曾海燕任副主编，柴艳荣任参编。其中第2~5章及附录A~H由赵永刚编写；第1、6章及附录I、J由曾海燕编写；绪论及附录K由柴艳荣编写；祁建中教授担任本书主审。

本书在编写过程中参阅了大量的参考文献，在此特向参考文献的编者们表示感谢。

由于编者水平有限，书中错误和不足之处在所难免，恳请使用本教材的教学单位和读者给予关注，并多提一些宝贵的意见和建议，以便修订时改进。

编　者

目 录

绪　　论

0.1　课程设计的目的

课程设计是“机械设计基础”课程重要的教学环节之一，是培养学生机械设计能力的重要实践环节。课程设计的主要目的如下：

1）通过课程设计，使学生能够综合运用机械设计基础课程及有关先修课程的知识，起到巩固、深化、融会贯通及扩展有关机械设计方面知识的作用，树立正确的设计思想。

2）通过课程设计实践，培养学生分析和解决工程实际问题的能力，使学生掌握机械零件、机械传动装置或简单机械的一般设计方法和步骤。

3）提高学生设计的有关能力，如计算能力、绘图能力及计算机辅助设计能力等，使学生熟悉设计资料（手册、图册等）的使用方法，掌握经验估算等机械设计的基本技能。

0.2　课程设计的内容和任务

课程设计的题目应当与生产实际紧密联系，应具有代表性和典型性，应能充分反映机械设计基础课程的基本内容且分量适当。只要满足上述要求的机械部件都可以作为课程设计的题目。目前，工科院校的机械设计基础课程设计题目大多选择齿轮减速器，这是因为齿轮减速器广泛应用于机械制造业和各行业的机械传动中，是具有代表性和典型性的通用部件。能充分反映机械设计基础课程的教学内容，使学生能够受到本课程知识范围内较全面的技能训练。设计内容一般包括以下几个方面：

1）拟订、分析传动装置的设计方案。

2）选择电动机，计算传动装置的运动和动力参数。

3）进行传动件的设计计算，校核轴、轴承、联轴器、键等。

4）绘制减速器装配图。

5）绘制零件图。

6）编写设计计算说明书。

课程设计要求在2周时间内完成以下任务：

1）绘制减速器装配图1张（用A0或A1图纸绘制）。

2）零件图1~2张（A2或A3图纸），具体零件由指导教师确定（一般是齿轮、轴、箱体等）。

3）设计计算说明书一份，约8000字。

4）写课程设计小结，准备答辩。

0.3　课程设计的步骤

课程设计一般可按以下顺序进行：设计准备工作—总体设计—传动件的设计计算—装配图草图的绘制—装配图的绘制—零件图的绘制—编写设计计算说明书—答辩。每个设计步骤所包括的设计内容见表0-1。

表0-1　课程设计的步骤

步　骤	主要内容	学时比例
1. 设计的准备工作	1）熟悉任务书，明确设计的内容和要求 2）熟悉设计指导书、有关资料、图样等 3）观看录像、实物、模型，或进行减速器拆装实验等，了解减速器的结构特点与制造过程	5%
2. 总体设计	1）确定传动方案 2）选择电动机 3）计算传动装置的总传动比，分配各级传动比 4）计算各轴的转速、功率和转矩	5%
3. 传动件的设计计算	1）计算齿轮传动（或蜗杆传动）、带传动、链传动的主要参数和几何尺寸 2）计算各传动件上的作用力	5%
4. 装配图草图的绘制	1）确定减速器的结构方案 2）绘制装配图草图，进行轴、轴上零件和轴承组合的设计 3）校核轴的强度和滚动轴承的寿命 4）绘制减速器箱体结构 5）绘制减速器附件	40%
5. 装配图的绘制	1）画底图，画剖面线 2）选择配合，标注尺寸 3）编写零件序号，列出明细栏 4）加深线条，整理图面 5）书写技术条件、减速器特性等	25%
6. 零件图的绘制	1）绘制齿轮类零件图 2）绘制轴类零件图 3）绘制其他零件图	8%
7. 编写设计计算说明书	1）编写设计计算说明书，内容应包括所有的计算，并附必要的简图 2）说明书中最后一段内容应为设计总结。一方面总结设计课题的完成情况，另一方面总结个人所做设计的收获体会及不足之处	10%
8. 答辩	1）准备答辩 2）参加答辩	2%

指导教师在学生完成以上设计步骤后，根据图样、说明书以及答辩情况等对设计进行综合评定。

0.4　课程设计的有关注意事项

本课程设计是学生第一次接受较全面的设计训练，学生一开始往往不知所措，指导教师应给予学生适当的指导，引导学生的设计思路，启发学生独立思考，解答学生的疑难问题，并掌握设计的进度，对设计进行阶段性检查。另一方面，作为设计的主体，学生应该在教师的指导下发挥主观能动性，积极思考问题，认真阅读设计指导书，查阅有关设计资料，按教师的布置循序渐进地进行设计，按时完成设计任务。

在课程设计中应注意以下事项：

（1）认真设计草图是提高设计质量的关键　草图也应该按照正视图的比例尺画，而且作图的顺序也要得当。画图时应着重注意零件之间的相对位置，有些细小部位结构可以用简化画法画出。

（2）设计过程中应及时检查，及时修正　设计过程是一个边绘图、边计算、边修改的过程，应经常进行自查和互查，有错误应及时修改，以免返工。

（3）注意计算数据的记录和整理　数据是设计的依据，应及时记录与整理计算数据，如有变动应及时修正，供下一步设计及编写设计说明书使用。

（4）要有整体观念　设计时考虑问题周全，整体观念性强，就会少出错，从而提高设计的效率。

0.5　课程设计的题目

0.5.1　设计带式运输机的传动装置1

1）带式运输机传动方案（图0-1）

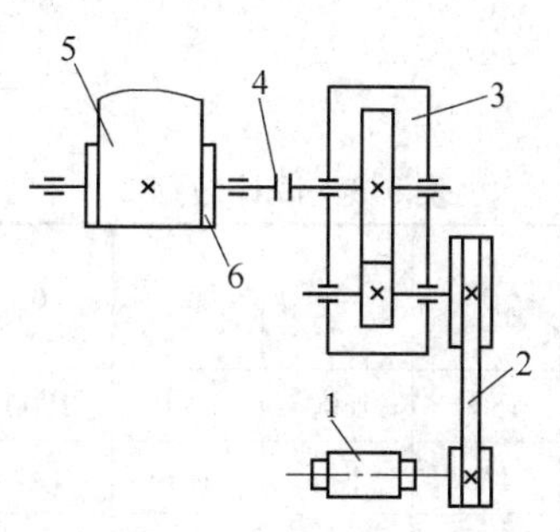

图0-1　带式运输机传动方案1
1—电动机　2—V带　3—减速器　4—联轴器　5—运输机　6—运输机卷筒

2）工作条件

运输机两班制连续工作，单向运转空载起动，工作载荷基本平稳，大修期限4年（每年按300个工作日计算），运输机卷筒轴转速容许误差为±5%，卷筒效率$\eta_W=0.96$。

3）设计数据（见表0-2）

表0-2　设计数据1

主要参数 \ 方案序号	1	2	3	4	5	6	7	8	9	10
卷筒阻力矩（转矩）M/N·m	400	400	450	450	500	500	550	550	600	600
卷筒转速 n_W/(r/min)	130	125	120	115	110	105	100	95	90	85

0.5.2 设计带式运输机的传动装置 2

1）运动简图（图0-2）。

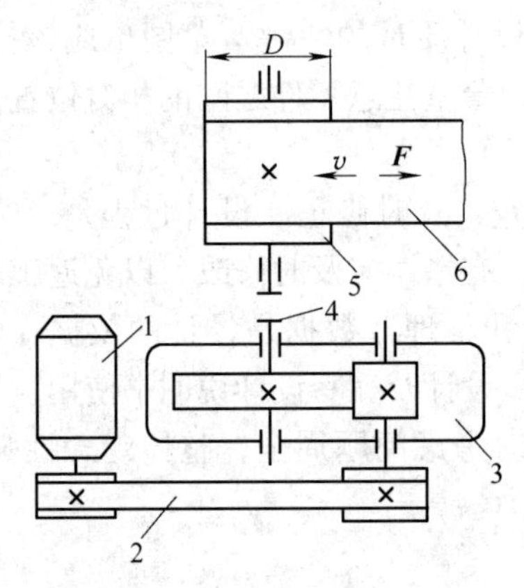

图0-2 带式运输机传动方案2
1—电动机 2—V带 3—减速器 4—联轴器 5—输送带滚筒（直径 D） 6—输送带
v—传动速度 $\boldsymbol{F}$—输送带拉力

2）工作条件。输送机两班制连续工作，单向运转空载起动，工作载荷变化不大，适用年限8年（按每年300个工作日计算），输送带速度 v 的容许误差为 ±5%，滚筒效率 $\eta_W = 0.96$。

3）设计数据（见表0-3）。

表0-3 设计数据2

主要参数 \ 方案序号	1	2	3	4	5	6	7	8	9	10
输送带拉力 F/N	1300	1400	1500	1600	1700	1800	1900	2000	2100	2200
输送带速度 v/(m/s)	0.9	0.9	1.0	1.0	1.1	1.1	1.2	1.2	1.3	1.3
滚筒直径 D/mm	250	240	230	220	210	200	190	180	170	160

第1章　减速器的简介

1.1　减速器的类型

减速器的类型很多，按照传动类型的不同可以分为圆柱齿轮减速器、锥齿轮减速器、蜗杆减速器、齿轮蜗杆减速器和行星齿轮减速器；按照传动级数的不同可分为一级减速器、二级减速器和多级减速器；按照传动布置方式不同可分为展开式减速器、同轴式减速器和分流式减速器；按照传递功率的大小不同可分为小型减速器、中型减速器和大型减速器等。常用减速器的类型、特点及应用见表1-1。

表1-1　常用减速器的类型、特点及应用

名称	类型		传动比范围	特点及应用
一级减速器	圆柱齿轮	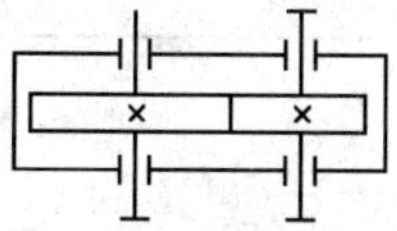	直齿：$i \leqslant 4$ 斜齿、人字齿：$i \leqslant 10$	轮齿可为直齿、斜齿或人字齿。传递的功率较大，效率较高，工艺简单，加工精度容易保证，一般工厂均能制造，应用广泛
	锥齿轮	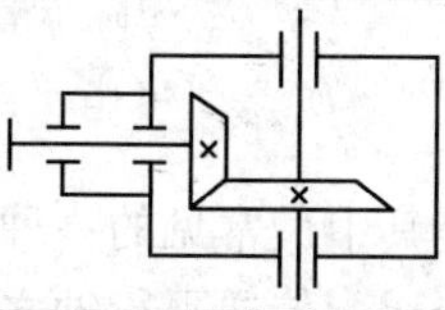	直齿：$i \leqslant 3$ 斜齿：$i \leqslant 6$	用于输入轴和输出轴垂直相交的传动
	下置式蜗杆	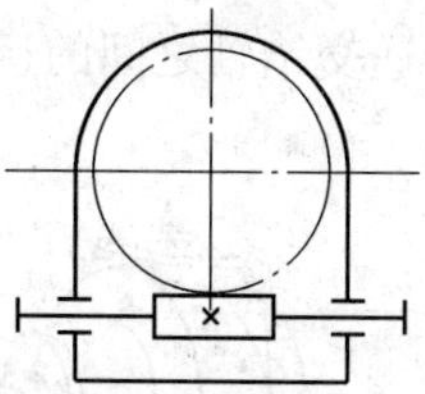	$i = 10 \sim 70$	蜗杆在蜗轮的下方，润滑方便，效果较好，但蜗杆搅油，功率损失较大，一般用于蜗杆圆周速度较小（$v < 4 \sim 5\text{m/s}$）的场合
	上置式蜗杆	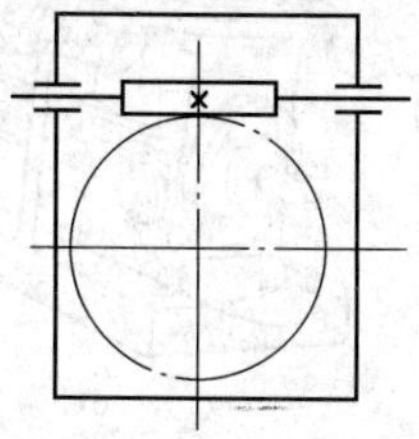	$i = 10 \sim 70$	蜗杆在蜗轮的上方，拆装方便，适用于蜗杆圆周速度较大的场合
二级减速器	圆柱齿轮展开式	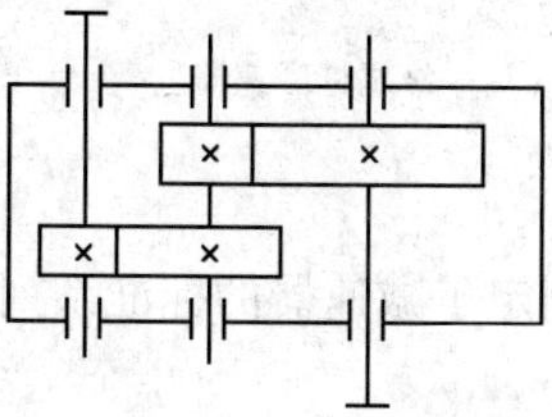	$i = i_1 \cdot i_2 = 8 \sim 40$	二级减速器中最简单的一种。由于齿轮相对于支承不对称布置，轴应具有较大的刚度。多用于载荷平稳的场合，高速级常用斜齿轮

（续）

名称	类型	传动比范围	特点及应用
二级减速器	圆柱齿轮分流式	$i=i_1 \cdot i_2=8\sim40$	高速级用斜齿轮，低速级用直齿轮或人字齿轮。由于低速级齿轮相对于支承对称布置，轮齿沿齿面受载均匀，故常用于大功率、变载荷的场合
	圆锥-圆柱齿轮	$i=i_1 \cdot i_2=8\sim15$	锥齿轮放在高速级可使其直径不致过大，否则会导致加工困难。锥齿轮可用直齿或圆弧齿，圆柱齿轮可用直齿或斜齿
	蜗杆-齿轮	$i=i_1 \cdot i_2=15\sim480$	将蜗杆传动放在高速级时，传动效率高

1.2 减速器的结构

1. 齿轮减速器的类型特点

减速器广泛应用于各行业的机械传动中，齿轮减速器又是其中最常见的一种类型。齿轮减速器可以实现平行轴、相交轴和交错轴之间的运动和动力传递。传递平行轴之间的运动可用圆柱齿轮；当需要传递相交轴之间的运动时可用锥齿轮；传递交错轴之间的运动可用蜗轮蜗杆。常用齿轮减速器外形，如图 1-1 所示。

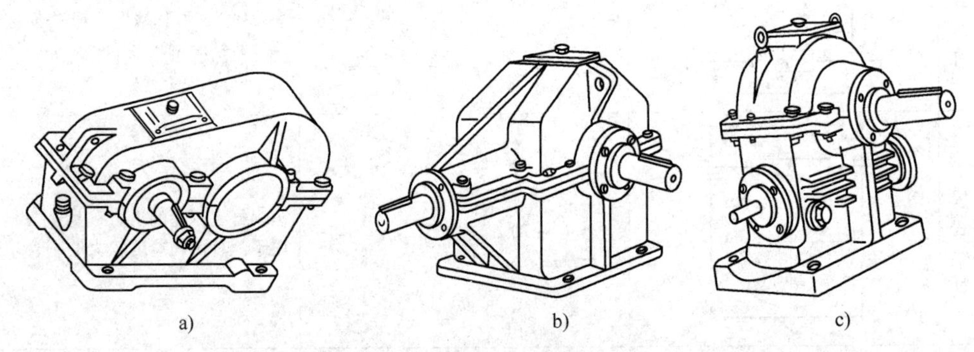

图 1-1 单级齿轮减速器
a）一级圆柱齿轮减速器 b）一级直齿锥齿轮减速器 c）一级蜗杆减速器

2. 齿轮减速器的标准化

由于齿轮减速器在机械设备上的广泛应用，我国已经制定了减速器的标准系列，齿轮减速器的生产多数已经实现专业化、标准化和系列化。

在标准减速器中，规定了主要的尺寸、参数值和适用条件。工程应用应优先考虑标准减速器，可不必自行设计。各种标准减速器的选择方法及类型、规格、尺寸和参数可查阅相关手册和资料。

3. 齿轮减速器的主要应用范围

齿轮减速器主要应用于冶金、矿山、运输、水泥、建筑、化工、纺织、轻工等行业。其特点是易于制造及安装，功率和速度范围大，功率可达数万千瓦，圆周速度可达150m/s。

圆柱齿轮减速器的适用条件：齿轮传动圆周速度不大于20m/s；高速轴的转速不大于1500r/min；减速器工作的环境温度范围在-40～45℃之间。

锥齿轮减速器的制造和安装都较复杂，因此只限应用于传递功率不大及原动机轴与工作机轴相交的场合。

普通圆柱蜗杆减速器，由于其传动比较大、结构紧凑、工作平稳、噪声小且具有自锁性，故常用于起重、机床中心距较大及传动比较大的机械中。但由于蜗杆与蜗轮啮合处的相对滑动速度较大，发热量大，效率低，使用期限短及蜗轮需要使用有色金属制造等，故蜗杆传动必须有良好的润滑性和散热性。

蜗杆减速器使用的条件：蜗杆啮合处滑动速度不大于7.5m/s，蜗杆转速不大于1500r/min，工作环境温度在-40～40℃之间。

4. 齿轮减速器的结构

进行减速器设计之前，应初步了解减速器的组成和结构及各零部件的功用。各学校可根据各自不同的条件，安排观看减速器录像，或参观模型、实物；或进行减速器拆装实验等。为进一步帮助读者熟悉减速器的基本组成和结构，现以一级圆柱齿轮减速器为例，做一简单介绍。

图1-2为一级圆柱齿轮减速器的结构图，该减速器主要是由传动零件（齿轮）、轴系零件（轴、轴承）、连接零件（螺栓、螺钉、销、键）、箱体及附属零件（通气孔、起盖螺钉、吊环螺钉、吊耳、油标等）、润滑和密封装置等组成。

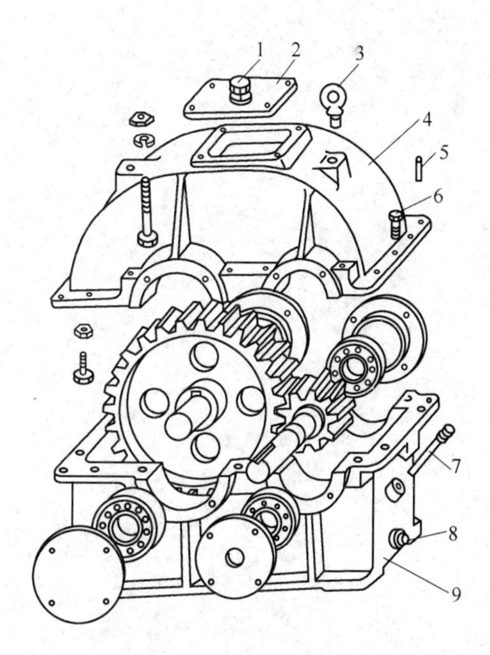

图1-2　一级圆柱齿轮减速器
1—通气器　2—视孔盖　3—吊环螺钉
4—箱盖　5—定位销　6—螺栓
7—杆式油标　8—油塞　9—箱座

1）箱体由箱盖和箱座组成，其本身应该有足够的强度，以免在载荷作用下产生过大的变形，导致齿轮沿齿宽载荷分布不均，故在箱体外侧轴承座处设加强肋，以提高刚度，同时可增大减速器的散热面积。

2）箱体式传动的基座，为保证齿轮轴线相互位置的正确，箱体的轴承孔要求加工精度较高，一般对位于同一直线上的轴承座孔，应尽量设计成相同直径的通孔，以便一次镗削完成。

3）为便于安装，箱体通常做成剖分式结构，箱盖与箱座的剖分面应与齿轮轴线平面重合。

4）箱盖与箱座用螺栓连接，并用两个定位

销精确定位，还应保证螺栓和螺母有足够的支承面积和连接刚度。

5）箱盖上的吊环螺钉是用来提升箱盖的，整个减速器的起吊则是用箱座上的吊钩。为了便于揭开箱盖，常在箱盖凸缘上加工有螺纹孔，拆卸时用螺钉拧入，称为起盖螺钉。

6）一般中、小型减速器多用滚动轴承。其优点是润滑简单，可用润滑脂和润滑油进行润滑，效率高，发热量小，顶隙小，能保证齿轮的正常啮合。

7）箱盖上的视孔是为了检查齿轮啮合情况或往箱内注入润滑油而设置的，平时用盖封闭。检视孔盖上安装一个通气器，通气器的横向孔与轴心孔相通并直通箱体内，使受热膨胀的气体自由逸出，避免破坏箱盖与箱座间的密封。

8）箱座下部设有一放油孔，可放出箱内的污油。放油孔应位于油池的最低处，油池底部沿排油方向应稍有斜度，平时放油孔用油塞堵住。为了便于随时检查箱内油面的高度，还设置了杆式油标。

第2章　传动装置的总体设计及传动参数的计算

传动装置的总体设计包括确定传动方案、选择电动机型号、合理分配各级传动比以及计算传动装置的运动和动力参数，为下一步计算各级传动件提供条件。

设计任务书一般由指导教师拟订，学生应对传动方案进行分析，对方案是否合理提出自己的见解。合理的传动方案应满足工作要求，具有结构紧凑、便于加工、效率高、成本低、使用维护方便等特点。

2.1　传动方案分析

在分析传动方案时应注意常用机械传动方式的特点及在布局上的要求。

1）带传动平稳性好，能缓冲吸振，但承载力较差，宜布置在高速级。

2）链传动平稳性差，且有冲击、振动，故应布置在低速级。

3）蜗杆传动放在高速级时蜗轮材料应选用锡青铜，反之，放在低速级时应选用铝铁青铜。

4）开式齿轮传动的润滑条件差，磨损严重，应布置在低速级。

5）锥齿轮、斜齿轮宜布置在高速级。

常用传动机构的性能及适用范围见表2-1。对初步选定的方案，在设计过程中还可能要不断地修改和完善。

表2-1　常用传动机构的性能及适用范围

传动机构 选用指标		普通带传动	V带传动	链传动	齿轮传动		蜗杆传动
功率（常用值）/kW		小（≤20）	中（≤100）	中（≤100）	大（最大达50000）		小（≤50）
单级传动比	常用值	2~4	2~4	2~5	圆柱齿轮3~5	锥齿轮2~3	10~40
	最大值	5	7	6	8	5	80
许用线速度/(m/s)		≤25	≤25~30	≤40	6级精度直齿≤18，非直齿≤36；5级精度达100		≤15~35
外廓尺寸		大	大	大	小		小
传动精度		低	低	中等	高		高
工作平稳性		好	好	较差	一般		好
自锁能力		无	无	无	无		可有
过载保护作用		有	有	无	无		无
使用寿命		短	短	中等	长		中等
缓冲吸振能力		好	好	中等	差		差

（续）

传动机构 选用指标	普通带传动	V带传动	链传动	齿轮传动	蜗杆传动
要求制造及安装精度	低	低	中等	高	高
要求润滑条件	不需	不需	中等	高	高
环境适应性	不能接触酸、碱、油类、爆炸性气体等		好	一般	一般

2.2 电动机的选择

电动机是一般机械传动中应用最广的原动机。根据工作机的最大使用功率、载荷性质、工作环境等，选择电动机的类型、功率和转速，这是设计机械传动的第一步工作。

2.2.1 电动机类型的选择

目前，除特殊要求外，工程中普遍采用三相交流异步电动机。而其中的Y系列电动机，由于具有效率高、起动转矩大、噪声低、运行安全可靠、维修方便等优点，故使用最多，设计中应优先选用。有关电动机的主要参数和产品目录可查阅机械设计手册。

2.2.2 电动机额定功率的确定

电动机的功率选择合适与否，对电动机的工作性能和经济性能都有影响。若功率小于工作要求，电动机将长期在过载状态下工作，发热严重，降低电动机的使用寿命；若功率选的过大，则电动机价格增高，能量又不能充分利用而造成浪费。所以，为确定合适的电动机功率，应首先计算出工作机的最大使用功率。

1. 工作机最大使用功率 P_W（k_W）

1）若已知工作机的工作阻力 F(N)，圆周速度为 $v=\frac{\pi D n_W}{60\times1000}$（m/s）时，则

$$P_W=\frac{Fv}{1000\eta_W} \tag{2-1}$$

式中 D——工作机的直径（mm）；

n_W——工作机转轴的转速（r/min）；

η_W——工作机的传动效率。

2）若已知工作机的转矩 M（N·m）、转速 n_W(r/min)时，则

$$P_W=\frac{Mn_W}{9550\eta_W} \tag{2-2}$$

2. 电动机至工作机的总效率 η

$$\eta=\eta_1\cdot\eta_2\cdot\eta_3\cdot\cdots\cdot\eta_n \tag{2-3}$$

其中，η_1、η_2、η_3、…、η_n 分别为各级传动、各对轴承和联轴器等的效率值，见表2-2。设计之初，只能按照表中的数据估算。估算总效率时应注意以下几点：

1）轴承效率是指一对轴承。

表 2-2　各类传动、轴承及联轴器的效率值

类别	传动形式			效率
圆柱齿轮传动	闭式传动	精度等级	6、7	0.98～0.99
			8	0.97
			9	0.96
	开式传动	切削加工齿		0.94～0.96
		铸造成形齿		0.90～0.93
锥齿轮传动	闭式传动	精度等级	6、7	0.97～0.98
			8	0.94～0.97
	开式传动	切削加工齿		0.92～0.95
		铸造成形齿		0.88～0.92
蜗杆传动	单头			0.70～0.75
	双头			0.75～0.82
带传动	普通带开口传动			0.98
	V 带传动			0.96
链传动	滚子链			0.96
滑动轴承（一对）	润滑正常			0.97
	润滑不良			0.94
滚动轴承（一对）	球轴承			0.99
	滚子轴承			0.98
联轴器	凸缘联轴器			1
	滑块联轴器			0.97～0.99
	弹性联轴器			0.99～0.995

2）同类型的几对运动副，要分别考虑效率。

3）当表中给出的效率数值为一范围时，一般可取中间值，如果加工条件差，加工精度低，润滑差时取小值，反之取大值。

3. 电动机所需功率 P'_d

$$P'_d = \frac{P_W}{\eta} \tag{2-4}$$

4. 电动机额定功率 P_d 的确定

根据电动机所需功率值 P'_d，直接查机械设计手册确定电动机的额定功率 P_d，原则上应保证 $P_d \geqslant P'_d$ 即可，通常按照 $P_d = (1 \sim 1.3)P'_d$ 考虑。

2.2.3　电动机转速的选择

同一类型、相同额定功率的电动机有几种不同的转速。如三相异步电动机有四种常用的同步转速，即 3000r/min、1500r/min、1000r/min、750r/min。低速电动机的级数多，外廓尺寸及重量较大、价格较高，但传动装置的总传动比及尺寸较小，高速电动机则相反。设计时应综合考虑各方面因素选取适当的电动机转速。一般多选用同步转速为 1500r/min 或

1000r/min的电动机。

按照工作机的转速要求和传动机构的合理传动比范围，可以推算出电动机转速的可选范围，即

$$n_d = (i_1 \cdot i_2 \cdot \cdots \cdot i_n) n_W \tag{2-5}$$

式中　　n_d——电动机可选转速范围；

i_1，i_2，…，i_n——各级传动机构的合理传动比范围。

设计计算传动装置时，通常用工作机所需电动机输出功率 P'_d进行计算，而不用电动机的额定功率 P_d。传动装置的输入转速可按电动机额定功率时的转速，即满载转速来计算。

【例 2-1】 图 2-1 所示为带式运输机。已知运输带的有效拉力 $F=4000$N，传动滚筒直径 $D=500$mm，运输带速度 $v=0.8$m/s，载荷平稳，在室温下连续运转。试选择合适的电动机。

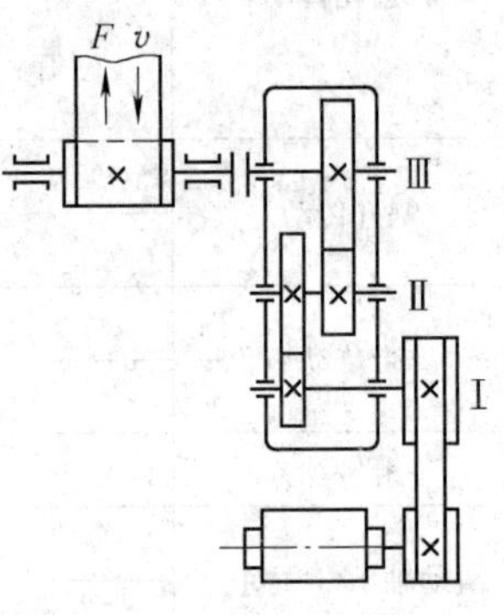

图 2-1　带式运输机机构简图

解：（1）选择电动机类型

按已知的工作要求和条件，选用 Y 型全封闭笼型三相异步电动机。

（2）选择电动机功率

所需电动机的输出功率为

$$P'_d = \frac{P_W}{\eta}$$

工作机所需的工作功率为

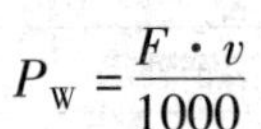

$$P_W = \frac{F \cdot v}{1000}$$

所以

$$P'_d = \frac{F \cdot v}{1000\eta}$$

电动机至运输带之间的总效率（包括工作机效率）为

$$\eta = \eta_1 \cdot \eta_2^4 \cdot \eta_3^2 \cdot \eta_4 \cdot \eta_5$$

按表 2-2 确定各部分效率为：V 带传动效率 $\eta_1=0.96$，滚动轴承（一对）效率 $\eta_2=0.99$，齿轮传动效率 $\eta_3=0.97$，联轴器效率 $\eta_4=0.97$，传动滚筒效率 $\eta_5=0.97$，则

$$\eta = 0.96 \times 0.99^4 \times 0.97^2 \times 0.99 \times 0.96 = 0.825$$

所以

$$P'_d = \frac{F \cdot v}{1000\eta} = \frac{4000 \times 0.8}{1000 \times 0.825}\text{kW} = 3.88\text{kW}$$

（3）确定电动机转速

滚筒轴的工作转速为

$$n_W = \frac{60 \times 1000v}{\pi D} = \frac{60 \times 1000 \times 0.8}{3.14 \times 500}\text{r/min} = 30.57\text{r/min}$$

按推荐的传动比合理范围，取 V 带传动的传动比 $i_1=2\sim4$，二级圆柱齿轮减速器的传动比 $i_2=8\sim40$，则总传动比的合理范围为 $i=16\sim160$，故电动机转速的可选范围为

$$n_d = i \cdot n_W = (16\sim160) \times 30.57\text{r/min} = 489\sim4891\text{r/min}$$

符合这一范围的同步转速有 750 r/min、1000 r/min、1500 r/min、3000 r/min。现以同

步转速 1000 r/min、1500 r/min、3000 r/min 三种方案进行比较。根据功率及转速，查本书附录 8 得到电动机相关参数，并将计算出的总传动比列于表 2-3 中。

综合考虑电动机和传动装置的尺寸、质量以及总传动比，可知方案 2 比较合适。因此选定电动机型号为 Y112M-4。

表 2-3　电动机数据及总传动比

方案序号	电动机型号	额定功率/kW	电动机转速/(r/min)		电动机质量 m/kg	总传动比 T_d
			同步转速	满载转速		
1	Y112M-2	4	3000	2890	45	94.54
2	Y112M-4	4	1500	1440	49	47.11
3	Y132M1-6	4	1000	960	75	31.40

2.3　总传动比的计算与分配

1. 总传动比的计算

总传动比是指电动机的满载转速 n_d 与工作机的转速 n_W 之比。即

$$i = \frac{n_d}{n_W} \tag{2-6}$$

2. 各级传动比的分配

对于串联传动系统，总传动比等于从电动机开始的各级传动比之积，即

$$i = i_1 i_2 i_3 \cdots i_n \tag{2-7}$$

合理分配传动比是传动系统设计的一个重要问题，它直接影响到传动系统的外廓尺寸、重量、润滑情况等许多方面。各级传动比分配时，应注意以下几点：

1）各级传动的传动比不得超过其传动比的限制值，并应尽量采用推荐值，各类传动传动比推荐值见表 2-4。

表 2-4　各类传动的传动比

传动类型			传动比的推荐值	传动比的最大值
单级闭式齿轮传动	圆柱齿轮	直齿	3~4	≤10
		斜齿	3~5	
	直齿锥齿轮		2~3	≤6
单级开式圆柱齿轮传动			4~6	≤15~20
一级蜗杆传动		闭式	7~40	≤80
		开式	15~60	≤100（个别情况≤120）
带传动	普通带		2~4	≤6
	V 带		2~4	≤7
链传动			2~4	≤7

2）为使传动装置的外廓尺寸小，V 带传动比应小于齿轮传动的传动比。若为二级以上齿轮传动，其高速级的传动比应小于低速级的传动比。

3）对于多级齿轮减速器，为使各级齿轮传动润滑良好，各级大齿轮的直径大小应接近。

还应当指出：传动装置的实际传动比受到标准带轮尺寸圆整、齿轮齿数等因素影响，而与原设计要求的传动比有一定的误差。通常传动装置的总传动比的误差应限制在 ±(3% ~5%)范围内。

【例 2-2】 由例 2-1 的已知条件和计算结果，计算传动装置的总传动比，并分配各级传动比。

解 （1）计算总传动比

$$i=\frac{n_m}{n_W}=\frac{1440}{30.57}=47.11$$

（2）分配传动装置各级传动比

由表 2-4 取 V 带传动的传动比 $i_0=3$，则减速器的传动比 i_a 为

$$i_a=\frac{i}{i_0}=\frac{47.11}{3}=15.70$$

取二级圆柱齿轮减速器高速级传动比为

$$i_1=1.4i_2$$

则 $$i_a=i_1\cdot i_2=1.4i_2^2$$

低速级传动比为

$$i_2=\sqrt{\frac{i_a}{1.4}}=\sqrt{\frac{15.70}{1.4}}=3.349$$

高速级传动比为

$$i_1=1.4i_2=1.4\times3.349=4.689$$

注意：以上传动比的分配只是初步的，传动装置的实际传动比要由选定的齿轮齿数或带轮基准直径进一步准确计算，故应在各级传动零件的参数确定后计算实际传动比，因而很可能与要求的传动比之间有误差。一般允许实际转速与要求转速之间的相对误差为 ±(3% ~5%)。

2.4 传动装置运动和动力参数的计算

在选定电动机型号、分配传动比之后，应计算出各轴的转速、功率和转矩，为进行传动件及轴的设计计算提供依据。一般由电动机至工作机之间运动传递的路线推算各轴的运动和动力参数。

1. 各轴的转速

$$n_1=\frac{n_m}{i_0} \tag{2-8}$$

$$n_2=\frac{n_1}{i_1}=\frac{n_m}{i_0\cdot i_1} \tag{2-9}$$

$$n_3=\frac{n_2}{i_2}=\frac{n_m}{i_0\cdot i_1\cdot i_2} \tag{2-10}$$

式中　n_m——电动机的满载转速（r/min）；

n_1、n_2、n_3——Ⅰ、Ⅱ、Ⅲ轴的转速（r/min），Ⅰ轴为最高轴转速，Ⅲ为最低轴转速；

i_0——电动机轴至Ⅰ轴的传动比；

i_1——Ⅰ轴至Ⅱ轴的传动比；

i_2——Ⅱ轴至Ⅲ轴的传动比。

2. 各轴的输入功率

$$P_1 = P'_d \cdot \eta_{01} \tag{2-11}$$

$$P_2 = P_1 \cdot \eta_{12} = P'_d \cdot \eta_{01} \cdot \eta_{12} \tag{2-12}$$

$$P_3 = P_2 \cdot \eta_{23} = P'_d \cdot \eta_{01} \cdot \eta_{12} \cdot \eta_{23} \tag{2-13}$$

式中　P'_d——电动机的输出功率（kW）；

P_1、P_2、P_3——Ⅰ、Ⅱ、Ⅲ轴的输入功率（kW）；

η_{01}、η_{12}、η_{23}——电动机轴与Ⅰ轴、Ⅰ与、Ⅱ轴、Ⅱ轴与Ⅲ轴间的传动效率。

3. 各轴的输入转矩

$$T_1 = T_d \cdot i_0 \cdot \eta_{01} = 9550\frac{P_1}{n_1} \tag{2-14}$$

$$T_2 = T_1 \cdot i_1 \cdot \eta_{12} = 9550\frac{P_2}{n_2} \tag{2-15}$$

$$T_3 = T_2 \cdot i_2 \cdot \eta_{23} = 9550\frac{P_3}{n_3} \tag{2-16}$$

式中　T_1、T_2、T_3——Ⅰ、Ⅱ、Ⅲ轴的输入转矩（N · m）；

T_d——电动机轴的输出转矩（N · m）。

T_d 的计算公式为

$$T_d = 9550\frac{P'_d}{n_m} \tag{2-17}$$

由以上公式计算得到的各轴运动和动力参数用表格的形式整理备用。

【例 2-3】由例 2-1 和例 2-2 的已知条件和计算结果，计算传动装置各轴的运动和动力参数。

解　(1) 各轴转速

由式(2-8)～式(2-10)得

Ⅰ轴　$$n_1 = \frac{n_m}{i_0} = \frac{1440}{3}\text{r/min} = 480\text{r/min}$$

Ⅱ轴　$$n_2 = \frac{n_1}{i_1} = \frac{480}{4.69}\text{r/min} = 102.35\text{r/min}$$

Ⅲ轴　$$n_3 = \frac{n_2}{i_2} = \frac{102.35}{3.35}\text{r/min} = 30.55\text{r/min}$$

滚筒轴　$$n_W = n_3 = 30.55\text{r/min}$$

(2) 各轴的输入功率

由式（2-11）～式（2-13）得

Ⅰ轴　$$P_1 = P'_d \cdot \eta_{01} = 3.88 \times 0.96\text{kW} = 3.72\text{kW}$$

Ⅱ轴　　$P_2 = P_1 \cdot \eta_{12} = P_1 \cdot \eta_2 \cdot \eta_3 = 3.72 \times 0.99 \times 0.97\text{kW} = 3.57\text{kW}$

Ⅲ轴　　$P_3 = P_2 \cdot \eta_{23} = P_2 \cdot \eta_2 \cdot \eta_3 = 3.57 \times 0.99 \times 0.97\text{kW} = 3.43\text{kW}$

滚筒轴　　$P_4 = P_3 \cdot \eta_{34} = P_3 \cdot \eta_2 \cdot \eta_4 = 3.43 \times 0.99 \times 0.99\text{kW} = 3.36\text{kW}$

（3）各轴的输入转矩

由式（2-17）计算电动机轴的输出转矩 T_d 为

$$T_d = 9550\frac{P'_d}{n_m} = 9550 \times \frac{3.88}{1440}\text{N} \cdot \text{m} = 25.73\text{N} \cdot \text{m}$$

由式（2-14）~式（2-16）得其他各轴的输入转矩为

Ⅰ轴
$$T_1 = 9550\frac{P_1}{n_1} = 9550 \times \frac{3.72}{480}\text{N} \cdot \text{m} = 74.01\text{N} \cdot \text{m}$$

Ⅱ轴
$$T_2 = 9550\frac{P_2}{n_2} = 9550 \times \frac{3.57}{102.35}\text{N} \cdot \text{m} = 333.11\text{N} \cdot \text{m}$$

Ⅲ轴
$$T_3 = 9550\frac{P_3}{n_3} = 9550 \times \frac{3.43}{30.55}\text{N} \cdot \text{m} = 1072.23\text{N} \cdot \text{m}$$

滚筒轴
$$T_W = 9550\frac{P_4}{n_W} = 9550 \times \frac{3.36}{30.55}\text{N} \cdot \text{m} = 1050.34\text{N} \cdot \text{m}$$

运动和动力参数的计算结果列于表 2-5 中，供以后的设计计算使用。

表 2-5　各轴的运动和动力参数

轴 名	功率 P/kW	转矩 T/(N·m)	转速 n/(r/min)	传动比 i
电动机	3.88	25.73	1440	3
Ⅰ轴	3.72	74.01	480	4.69
Ⅱ轴	3.57	333.11	102.35	3.35
Ⅲ轴	3.43	1072.23	30.55	1
滚筒轴	3.36	1050.34	30.55	

第 3 章　传动零部件设计

传动装置包括各种类型零部件，其中决定其工作性能、结构布置和尺寸的主要是传动零件。支承零件和连接零件都要根据传动零件的要求来设计，因此一般应先设计计算传动零件。

传动零件的设计计算，包括确定各级传动零件的材料、主要参数及其结构尺寸，为绘制装配草图做好准备工作。

一般先设计减速器外的传动零件（如带传动、链传动和开式齿轮传动等），这些传动零件的参数确定以后，减速器外部传动的实际传动比即可确定；然后应检查开始计算的传动参数有无变化，如有变动，应作相应的修改；再进行减速器内各轴转速、转矩及传动零件的设计计算，这样计算所得传动比误差较小，各轴的数值也较为准确；最后进行减速器内传动零件的设计计算。

各类传动零件的设计计算方法均按教材所述。下面就传动零件的设计计算要求和相应注意的问题进行简要提示。

3.1　箱体外部传动零件设计要点

3.1.1　带传动

1. 带传动设计的主要内容

选择合理的传动参数；确定带的型号、长度、根数、传动中心距、安装要求（初拉力、张紧装置）、对轴的作用力及带轮的材料、结构和尺寸等。

2. 设计依据

传动的用途及工作情况，对外廓尺寸及传动位置的要求，原动机种类和所需的传动功率，主动轮和从动轮的转速等。

3. 注意带传动中各有关尺寸的协调问题

如小带轮直径选定后，要检查它与电动机中心高是否相称；大带轮直径选定后，要注意检查它与箱体尺寸是否协调。小带轮孔径要与所选电动机轴径一致。大带轮的孔径应注意与带轮直径尺寸相协调，以保证其装配的稳定性，同时还应注意此孔径就是减速器小齿轮轴外伸段的最小轴径。

4. 画出带轮结构草图，标明主要尺寸

注意大带轮轴孔直径和齿宽与减速器输入轴轴伸尺寸有关，如图 3-1 所示。小带轮直接安装在电动机上，其轮毂孔径应等于电动机轴伸直径，如图 3-2 所示。带轮轮毂宽度与带轮轮缘宽度不一定相同，一般轮毂长度 l 按轴孔直径 d 的大小确定，常取 $l=(1.5\sim2)d$。

5. 确定带的初拉力

以便安装时检查，并依具体条件考虑张紧方案。

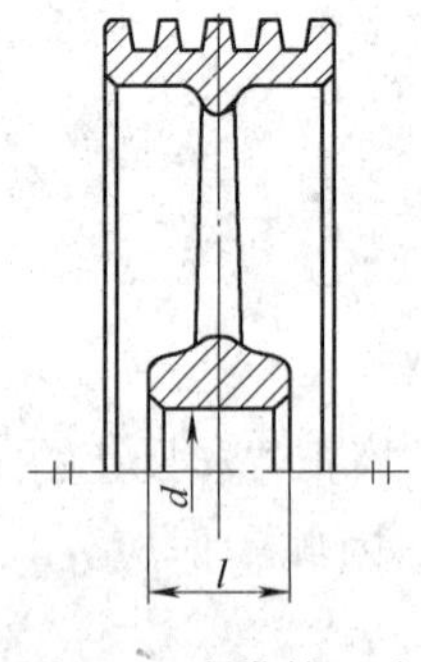

图 3-1　大带轮尺寸

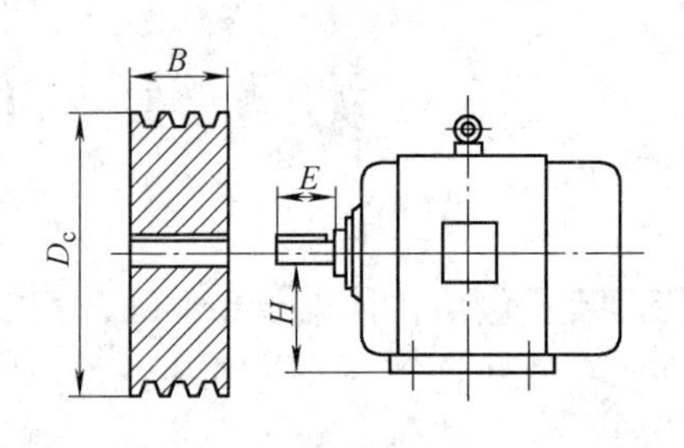

图 3-2　小带轮与电动机示意图

6. 计算压轴力

以供设计轴和轴承时使用。

7. 计算实际传动比和大带轮转速

由带轮直径及滑动率计算实际传动比和大带轮转速，并以此修正减速器传动比和输入转矩。

3.1.2　链传动

链传动的设计要点除与带传动各点类似外，还应注意：

1）当采用单链尺寸过大时，应改选双列或多列链，以尽量减小链节距。

2）确定润滑方式和润滑剂牌号。

3）画链轮结构图时不必画出端面齿形图。

3.1.3　开式齿轮传动

1）设计需要的已知条件。传递功率（或转矩）、转速、传动比、工作条件和尺寸限制。

2）设计计算内容。选择材料，确定齿轮传动参数（中心距、齿数、模数、螺旋角、变位系数和齿宽系数等）、齿轮的其他几何尺寸及其结构。

3）开式齿轮润滑条件较差，磨损比较严重，常因过度磨损而引起弯曲折断。所以设计时一般按抗弯强度设计，考虑磨损，一般按计算的模数加大 10% ~20%。但在进行强度校核时，则应将模数降低 10% ~20%。为保证齿根抗弯强度，常取小齿轮齿数 $z_1=17\sim20$。

4）开式齿轮用于低速，宜采用直齿。

5）材料的选用。应使齿轮具有较好的减摩或耐磨性能；大齿轮材料的选用应考虑毛坯的制造方法。

6）开式齿轮传动的支撑刚度小，为减轻齿轮的载荷集中，齿宽系数应取小值。

7）画出齿轮结构图，标明与减速器输出轴相配合的轮毂尺寸。

8）检查齿轮尺寸与传动装置和工作机是否相称。按大、小齿轮的齿数计算实际传动比，考虑是否需要修改传动装置中减速器的传动比要求。

各级大、小齿轮几何尺寸和参数的计算结果应及时整理并列表，同时画出结构草图，以备画装配图设计时使用。

3.2　箱体内部传动零件设计要点

箱体外部的传动零件设计完成后，应检查开始的传动参数有无变化，如有变动，应先作相应的修改，再进行箱体内传动零件的设计计算。

闭式软齿面圆柱齿轮的传动齿面接触疲劳强度低，可先按齿面接触疲劳强度条件进行设计，确定中心距或小齿轮分度圆直径后，选择齿数和模数，然后校核齿轮抗弯疲劳强度。硬齿面闭式齿轮传动的承载能力主要取决于齿轮弯曲疲劳强度，常按齿轮的抗弯强度条件进行设计，然后校核齿面接触疲劳强度。具体方法和步骤可参考所学教材，设计时应注意以下几点。

1. 选择齿轮材料

要注意毛坯制造方法，当齿轮齿顶圆直径 $d_a \leqslant 500$mm 时，可以采用锻造或铸造毛坯；当 $d_a > 500$mm 时，多用铸造毛坯，制作成轮辐式结构。小齿轮齿根直径与轴径接近，或齿根圆到键槽底部的径向距离 $y < 2.5m_n$（m_n 为法向模数）时，齿轮与轴可制成一体，即齿轮轴。其材料应兼顾轴的要求，同减速器的各级小齿轮（或大齿轮）的材料应尽可能一致，以减少材料牌号种类和简化制作工艺。

2. 齿轮强度计算

应用齿轮强度计算公式时，载荷和几何参数一般用小齿轮输出转矩 T_1 和直径 d_1 表示，因此不论强度计算是针对小齿轮还是大齿轮的，公式中的转矩均应为小齿轮输出转矩，齿轮直径应为小齿轮直径，齿数为小齿轮齿数。

3. 齿轮齿数的选取

进行齿轮齿数的选取时应注意：不能产生根切，在满足强度要求的条件下尽可能取多一些，以增大重合度，提高齿轮传动的平稳性。小齿轮齿数和大齿轮齿数最好互为质数，以防磨损和失效集中发生在某几个轮齿上。

4. 齿宽系数的选取

齿宽系数 $\phi_d = b/a$，b 为一对齿轮的齿宽，a 为啮合齿轮中心距。为了易于补偿齿轮轴向位置误差，便于装配，常取小齿轮宽度 $b_1 = b + (5 \sim 10)$mm，齿宽数值应进行圆整。

5. 其他参数的选取

圆柱齿轮传动的中心距 a、模数 m、齿数 z、传动比 i、齿宽系数 ϕ_d 及螺旋角 β 等主要参数互相影响并保持一定的几何关系，设计时要不断调整，以便得到合理的数值。啮合尺寸（节圆、分度圆、齿顶圆以及齿根圆的直径、螺旋角、变位系数等）必须计算精确值，长度尺寸精确到小数点后 2 ~ 3 位（mm），角度准确到秒（"），各级齿轮几何尺寸、参数的计算结果，可以整理列表。

6. 齿轮结构尺寸

如齿轮内径 D_1、轮辐厚度 c_1、轮缘直径 d_1 和长度 l 等，均应尽量圆整，以便制造和测量。

3.3　初算轴的直径

初估轴径有两种方法：一是按轴受纯转矩估算；二是参照相近减速器的轴径，或按照相配零件（如联轴器）的孔径及轴径的结构要求等来确定。

按纯转矩并降低许用扭转切应力的方法初定轴径 d（mm），计算公式为

$$d = C\sqrt[3]{\frac{P}{n}} \tag{3-1}$$

式中　P——轴所传递的功率（kW）；

n——轴的转速（r/min）；

C——由轴的许用扭转切应力确定的系数，见所学教材。

当轴上有键槽时，应适当增大轴径以补偿键槽对轴强度的削弱。

如果初估的轴径是轴的外伸端并装有联轴器与电动机联机，则轴端直径必须满足联轴器的孔径要求。

3.4　联轴器的选择

联轴器的选择包括联轴器类型和尺寸（或型号）等的合理选择。

联轴器的类型应根据工作要求选定。连接电动机轴与减速器高速轴的联轴器，由于轴的转速较高，一般应选用具有缓冲、吸振作用的弹性联轴器，例如弹性套柱销联轴器、弹性柱销联器等。减速器低速轴（输出轴）与工作机轴连接用的联轴器，由于轴的转速较低，传递的转矩较大，又因为减速器轴与工作机轴之间往往有较大的轴线偏移，因此常选用刚性可移式联轴器，例如滚子链联轴器、齿式联轴器。对于中、小型减速器，其输出轴与工作机轴的轴线偏移不太大时，也可选用弹性柱销联轴器这类弹性可移式联轴器。

联轴器型号按计算转矩进行选择。所选定的联轴器，其轴孔直径的范围应与被连接两轴的直径相适应。应注意减速器高速轴外伸段轴径与电动机的轴径不得相差过大，否则难以选择合适的联轴器。电动机选定后，其轴径是一定的，应注意调整减速器高速轴外伸端的直径。

选择或校核时，应考虑机器起动时惯性力及过载等影响，按最大转矩（或功率）进行。但设计时，往往因为原始资料不足，最大转矩不方便确定，故通常按计算转矩进行。计算转矩 T_c 为

$$T_c = KT \leqslant [T_n] \tag{3-2}$$

式中　T——工作转矩（N · m）；

K——工作情况系数（见所学教材）；

$[T_n]$——公称转矩。

联轴器转速 n 应满足

$$n \leqslant [n] \tag{3-3}$$

式中　$[n]$——联轴器许用转速（r/min）。

第4章　装配图的设计与绘制

减速器的装配图是用来表达减速器的工作原理及各零件间装配关系的图样，也是制造、装配减速器和测绘减速器零件的依据。因此绘制装配图是整个设计过程的重要环节，必须认真绘制且用足够的视图和剖面将减速器结构表达清楚。

4.1　布置装配图

4.1.1　装配图绘制前的准备

在画装配图时，应翻阅有关资料，参观或拆装实际减速器，明确各零部件的功用，做到对设计内容心中有数。此外，还要根据任务书上技术数据，按前文所述的要求，选择计算出有关零部件的结构和主要尺寸，具体内容包括：

1）确定各类传动零件的中心距、最大圆直径和宽度（轮毂和轮缘）。其他详细结构可暂不确定。

2）选出电动机类型和型号，并查出其轴径和伸出长度。

3）按工作情况和转矩选择联轴器类型和型号、两端轴孔直径和长度，确定有关装配尺寸的要求。

4）确定滚动轴承类型，如深沟球轴承或角接触球轴承等，具体型号暂不确定。

5）根据轴上零件的受力、固定和定位要求，初步确定轴的阶梯段，具体型号暂不确定。

6）确定箱体的结构方案（剖分式、整体式等）。

7）按表4-1与表4-4逐项计算和确定机体结构和有关零件的尺寸，并列表备用。

绘图时应选好比例尺，优先采用1:1，以加强真实感。用A0或A1图纸绘制三视图，合理布置图面。

做好上述准备工作后，即可开始绘图。

4.1.2　视图选择与布置图面

减速器装配图通常用三视图并辅以必要的局部剖视图来表达。绘制装配图时，应根据传动装置的运动简图和由计算得到的减速器内部齿轮的直径、中心距，参考同类减速器图样（可参阅减速器装配图图例），估算减速器的外形尺寸，合理布置三个主要视图。同时，还要考虑标题栏、明细栏、技术要求、尺寸标注等所需的图面位置。

4.1.3　确定传动零件的中心线

先在主视图中画出齿轮的中心线，然后再画俯视图中齿轮的中心线，如图4-1所示。

4.1.4　确定齿轮的轮廓位置

先在主视图上画出齿轮的齿顶圆直径 d_a（$r_a = d_a/2$），然后在俯视图上画出齿轮的齿顶圆和齿宽。为了保证啮合宽度和降低安装精度，通常小齿轮宽度 b_1 比大齿轮宽度 b_2 要宽 5～10mm。

4.1.5　确定箱体的内壁线

1. 在主视图上画出箱体内壁线

在距大齿轮齿顶圆为 $\Delta_1 \geqslant 1.2\delta_1$ 的位置上画出箱体的内壁线，δ_1 为箱盖壁厚（见表 4-4），画出部分外壁线，作为外廓尺寸（图 4-1 中主视图）。

2. 在俯视图上画出箱体内壁线

1）箱体宽度方向。在俯视图上，按小齿轮端面与箱体内壁间的距离 $\Delta_1 \geqslant \delta$ 的要求（δ 为箱体壁厚，见表 4-4），画出沿箱体宽度方向的两条内壁线。

2）箱体长度方向。在俯视图上，沿箱体长度方向，先画出距低速级大齿轮齿顶圆 $\Delta_1 \geqslant 1.2\delta$ 的一侧内壁线（图 4-1 中俯视图右侧）。高速级小齿轮一侧内壁线（图 4-1 中俯视图左侧）及箱体结构，暂不画出，要留到在主视图上画箱体结构时再确定。

表 4-1 为减速器各零件之间的位置尺寸，供设计者设计时选用。

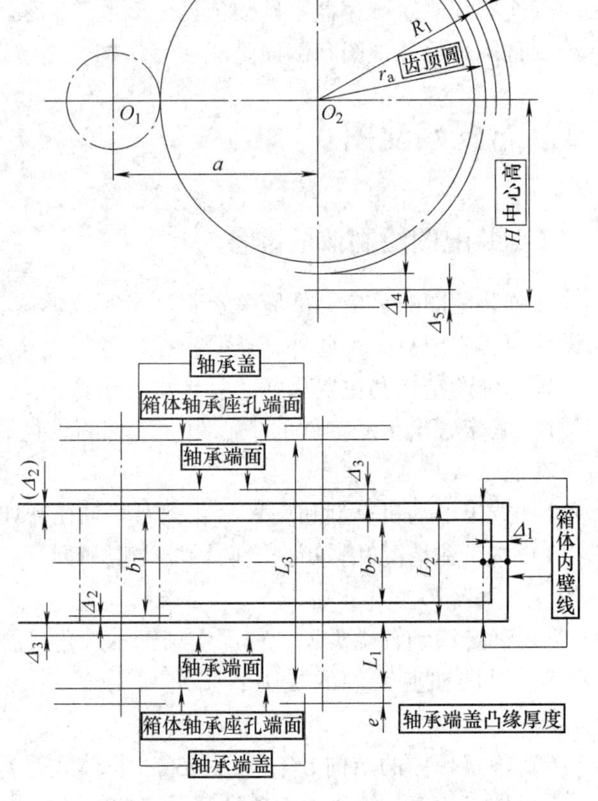

图 4-1　各零件之间的相互位置

表 4-1　减速器各零件之间的位置尺寸　　（单位：mm）

代号	名　称	推荐用值
Δ_1	齿轮顶圆至箱体内壁的距离	≥1.2δ，δ 为箱体壁厚
Δ_2	齿轮端面至箱体内壁的距离	>δ（一般取≥10）
Δ_3	轴承端面至箱体内壁的距离 轴承用脂润滑时 轴承用油润滑时	 $\Delta_3 = 10 \sim 15$ $\Delta_3 = 3 \sim 5$
Δ_4	大齿轮齿顶圆至箱底内壁的距离	>30～50
Δ_5	箱底至箱底内壁的距离	≈20
e	轴承端盖凸缘厚度	参见图 4-7

（续）

代号	名　　称	推荐用值
H	减速器中心高	$\geqslant r_a+\Delta_4+\Delta_5$
L_1	箱体内壁至轴承座孔端面的距离	$=\delta+C_1+C_2+$（5~8）C_1、C_2 见表 4-4
L_2	箱体内壁轴向距离	$L_2=b_1+2\Delta_2$
L_3	箱体轴承座孔端面间的距离	$L_3=b_1+2\Delta_2+2L_1$

4.1.6　确定箱体轴承座孔宽度，画出箱体轴承座孔端面线

轴承座孔宽度 L_1 一般取决于轴承旁连接螺栓 Md_1 所需的扳手空间 C_1 和 C_2，C_1+C_2 为轴承凸台宽度。轴承座孔需要加工，为了减少加工面，凸台还需向外凸出 5~8mm。因此，轴承座孔总宽度 $L_1=\delta+C_1+C_2+(5\sim8)$(mm)。由此，可画出箱体轴承座孔端面线，如图 4-1 所示。

4.2　轴的结构设计

轴的结构设计目的是合理确定轴的形状和全部结构尺寸。轴的结构设计在初算轴的最小直径后，考虑轴上零件及轴承的布置、润滑和密封，同时满足零件的定位准确、固定可靠、拆装方便、容易加工等条件。一般情况下，可将轴设计为阶梯轴。

4.2.1　轴的各段直径

1. 轴头的直径尺寸确定

轴与齿轮、带轮和联轴器配合处的轴段直径称为轴头。如图 4-2 中的 d_1 和 d_5 应取标准值（参阅资料）。

2. 轴颈直径尺寸确定

与滚动轴承配合处的轴段直径称为轴颈。在图 4-2 中，与滚动轴承内圈配合的轴颈 d_8、d_3 应符合滚动轴承标准；装有密封元件和滚动轴承处的直径 d_2，应与密封元件和轴承的内孔直径尺寸一致。轴上两个支点的轴承，应采用相同的型号和尺寸，以便轴承座孔的加工。

3. 轴肩或轴环尺寸确定

相邻轴段的直径不同即形成轴肩。当轴肩用于轴上零件定位和承受轴向力时，应具有一定的高度，当配合处轴的直径小于 80mm 时，轴肩处的直径差可取 7~10mm。用作滚动轴承内圈定位时，如 $d_8\rightarrow d_7$ 轴肩的直径应按轴承的安装尺寸要求确定。

如果相邻轴段直径的变化仅是为了轴上零件拆装方便或区分加工表面时，两直径略有差值即可，一般取 1~4 mm，如图 4-2 中 $d_2\rightarrow d_3$、$d_4\rightarrow d_5$ 的尺寸变化，并应尽可能取整数，也可以采用相同公称直径而不同的公差等级。

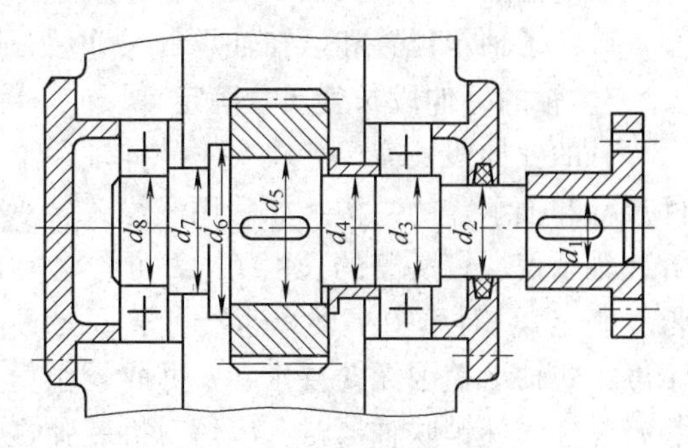

图 4-2　各轴段直径

4. 轴肩处过渡圆角尺寸确定

为了减小集中应力，轴肩处的过渡圆角不宜过小。用作零件定位的轴肩，零件毂孔的倒角 C 或圆角半径 r'应大于轴肩处过渡圆角半径 r，以保证定位的可靠，如图 4-3 所示。一般配合表面处轴肩和零件孔的圆角、倒角尺寸见配套教材。装滚动轴承处轴肩的过渡圆角半径应按轴承的安装尺寸要求取值（参阅配套教材）。

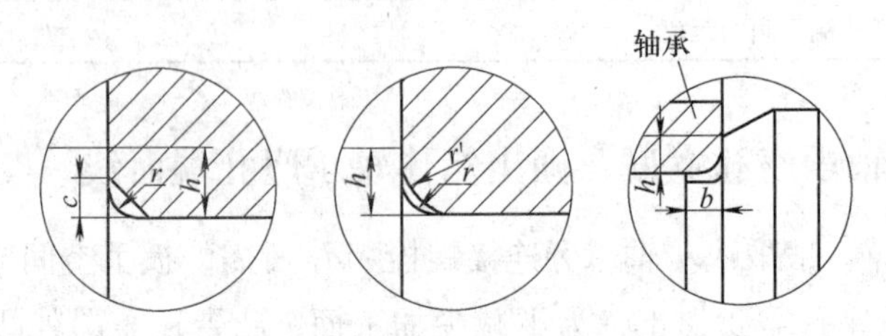

图 4-3　毂孔的圆角半径

5. 砂轮越程槽、螺纹退刀槽尺寸确定

需要磨削加工的轴段常设置砂轮越程槽；车制螺纹的轴段应有退刀槽。相关尺寸可参考设计手册选取。

应注意，直径相近的轴段，其过渡圆角、退刀槽等尺寸应一致，以便加工。

4.2.2　轴的各段长度

轴的各段长度主要取决于零件（传动件、轴承）的宽度以及相关零件（箱体轴承座、轴承端盖）的轴向位置和结构尺寸。

1. 轴头处长度尺寸确定

对于安装齿轮、带轮、联轴器的轴段，当这些靠其他零件（套筒、轴端挡油圈等）顶住来实现轴向固定时，该轴段的长度应略短于相配轮毂的宽度 2 ~ 3mm，以保证固定可靠，如图 4-2 中安装齿轮和联轴器的轴段。

2. 轴颈处长度尺寸确定

轴颈处轴向尺寸由轴承的位置和宽度来确定。

根据以上对轴的各段直径尺寸设计和已选的轴承类型，可初选轴承型号，查出轴承宽度和轴承外径尺寸。轴承内壁端面的位置（轴承端面至箱体内壁的距离 Δ_3）由表 4-1 确定。

应注意，轴承在轴承座中的位置与轴承润滑方式有关。轴承采用脂润滑时，常需要在轴承旁设封油盘。当采用油润滑时，轴承应尽量靠近箱体内壁。

确定了轴承位置和已知轴承的尺寸后，即可在轴承座孔内画出轴承的图形。

3. 轴的外伸段长度尺寸确定

轴的外伸段长度尺寸取决于外伸轴段上安装的传动件尺寸和轴承盖的结构。如采用凸缘式轴承盖，应考虑拆装轴承盖螺钉所需的长度 L（L 可参考轴承端盖螺钉长度确定）。对于中小型减速器可取 $L \geqslant 15 \sim 20$mm；对于嵌入式轴承盖因无此要求，L 可取较小值。当外伸轴装有弹性套柱销联轴器时，应留有拆装弹性套柱销的必要尺寸 A（A 可由联轴器型号确定），如图 4-4 所示。

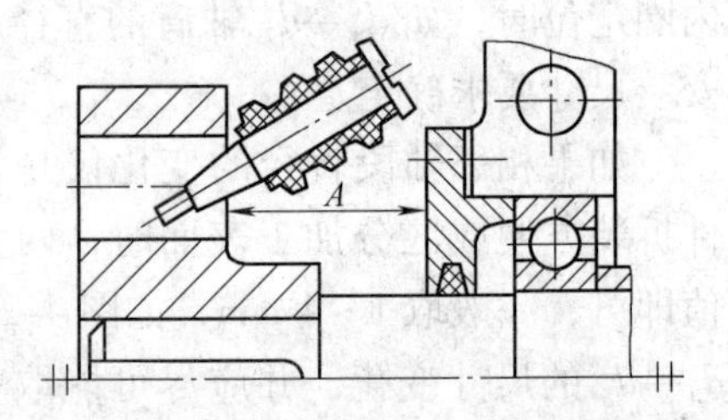

图 4-4　拆装弹性套柱销的距离

4.2.3　轴上键槽的尺寸和位置

平键的剖面尺寸根据相应轴段的直径确定，键的长度应比轴段长度短5～10mm。键槽不可太靠近轴肩处，以避免键槽加重轴肩过渡圆角的应力集中。

当轴上有多个键时，若轴径相差不大，各键可取相同的剖面尺寸；同时，轴上各键应布置在轴的同一方位，以便轴上键槽的加工。

按照上述方法，可设计轴的结构，并在图4-1的基础上初步绘出减速器装配图。

图4-5所示为单级圆柱齿轮减速器的初绘装配草图。

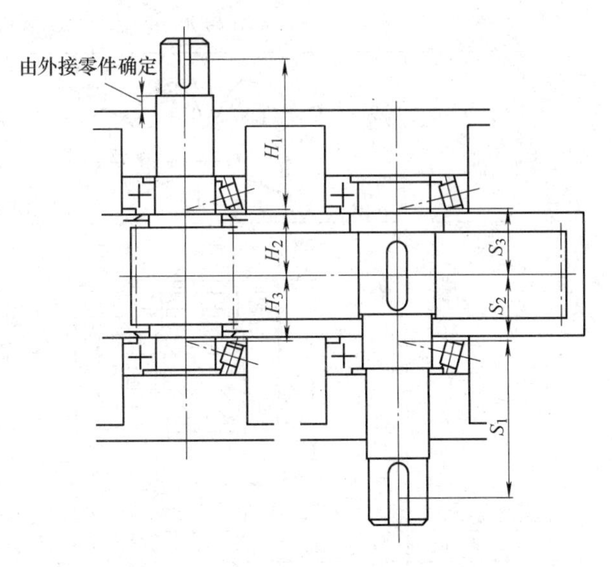

图4-5　单级圆柱齿轮减速器装配草图

4.2.4　轴、轴承及键连接的校核计算

1. 确定轴上力作用点和轴承支点距离

由初绘装配草图，可确定轴上传动零件受力点的位置和轴承支点的距离，如图4-5中所示的圆锥滚子轴承和角接触球轴承的支点与轴承端面间的距离可参阅所学教材。

2. 轴的校核计算

轴的强度校核计算按照所学教材中的方法进行。若校核后强度不够，则应采取适当措施提高轴的强度。

3. 滚动轴承的寿命计算

滚动轴承的寿命应与减速器的检修期大致相符。若计算出的寿命达不到要求，可考虑选另一种系列的轴承，必要时可改变轴承类型。

4. 键连接强度的校核计算

对键连接主要是校核其挤压强度。若键连接强度不够，应采取必要的修改措施，如增加键的长度、改用双键等。

4.3　传动零件和支承零件的结构设计

4.3.1　圆柱齿轮的结构设计

齿轮的结构设计与齿轮的几何尺寸、毛坯材料、加工方法、使用要求、经济性等因素有关。进行结构设计时，必须综合考虑。

表4-2列出了圆柱齿轮的结构尺寸及结构形式。

表 4-2　圆柱齿轮的结构尺寸及结构形式

序　号	结构形式	结构尺寸
1	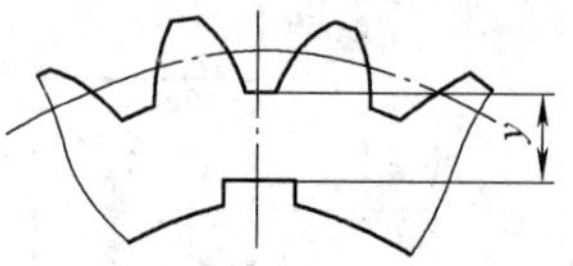	$y \geqslant 2m_n$（钢制） $y \geqslant 2.5m_n$（铸铁）
2	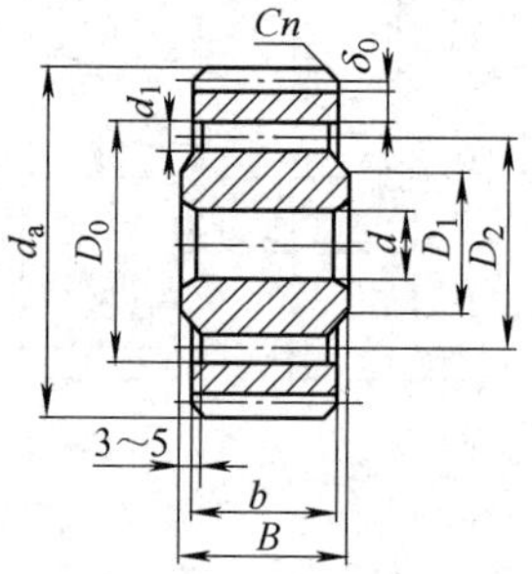	$d_a \leqslant 200$　锻造齿轮 $D_1 = 1.6d$ $B = (1.2 \sim 1.5)d \geqslant b$ $\delta_0 = 2.5m_n$（$\geqslant 8 \sim 10$mm） $n = 0.5m_n$ $D_2 = 0.5(D_0 + D_1)$ $d_1 = 12 \sim 20$mm（d_a 较小时可不钻孔） $D_0 = d_a - 10m_n$
3	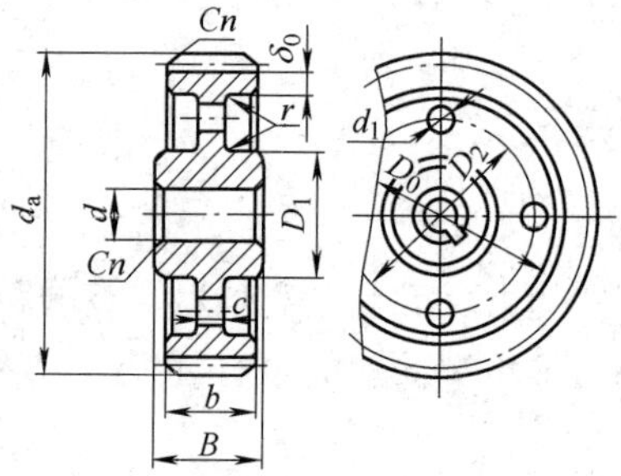	$d_a \leqslant 500$mm 锻造齿轮 $D_1 = 1.6d$　$B = (1.2 \sim 1.5)$　$d \geqslant b$ $n = 0.5m_n$ $\delta_0 = (2.5 \sim 4)m_n$（$\geqslant 8 \sim 10$mm） $D_2 = 0.5(D_2 + D_1)$　$d_1 = 15 \sim 25$mm $c = (0.2 \sim 0.3)b$ 模锻 $c = 0.3b$ 自由锻 $r = 0.5c$
4	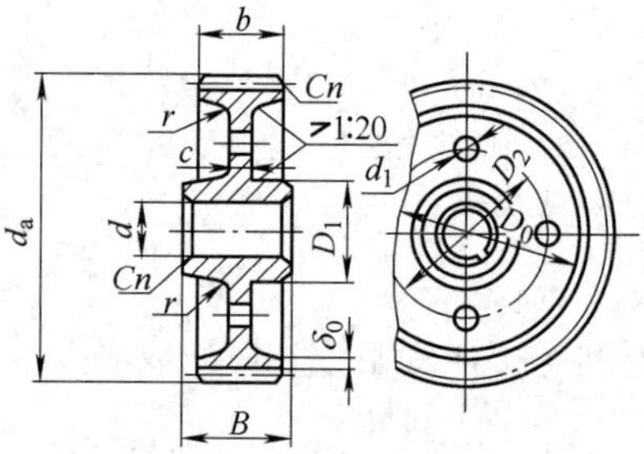	$d_a \leqslant 500$mm 平辐板铸造齿轮 $D_1 = 1.8d$（铸铁）　$D_1 = 1.6d$（铸钢） $B = (1.2 \sim 1.5)d \geqslant b$ $\delta_0 = (2.5 \sim 4)m_n$（$\geqslant 8 \sim 10$mm） $n = 1.5m_n$　$D_2 = 0.5(D_0 + D_1)$ $d_1 = 0.25(D_0 - D_1)$ $c = 0.2b$（但不小于 10mm） $r \approx 0.5c$
5	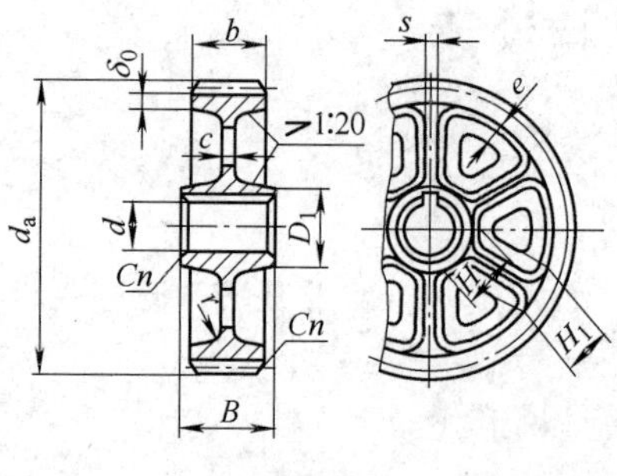	$d_a = 400 \sim 1000$mm　$b \leqslant 1.8d$ 铸造齿 $D_1 = 1.8d$（铸铁）　$D_1 = 1.6d$（铸钢） $B = (1.2 \sim 1.5)d \geqslant b$ $\delta_0 = (2.5 \sim 4)m_n$（$\geqslant 8 \sim 10$mm） $n = 1.5m_n$　$c = \frac{1}{5}b$（$\geqslant 10$mm） $s = \frac{1}{6}b$（$\geqslant 10$mm）　$e = 0.8\delta_0$ $r \approx 0.5c$　$H = 0.8d$　$H_1 = 0.8H$

4.3.2　滚动轴承的组合设计

1. 轴的支承结构形式和轴系的轴向固定

按照对轴系轴向位置的不同限定方法，轴的支承可分为两端单向固定支承；一端固定，一端游动支承。它们的结构特点和应用场合可参阅教材。

普通齿轮减速器，其轴的支承跨距较小，较常采用两端单向固定支承。轴承内圈在轴上可用轴肩或套筒作轴向定位，轴承外圈用轴承盖作轴向固定。

设计两端单向固定支承时，应留适当的轴向间隙，以补偿工作时轴的热伸长量。对于固定间隙轴承（如深沟球轴承），可在轴承盖与箱体轴承座端面之间（采用凸缘式轴承盖时，如图4-2所示）或在轴承盖与轴承外圈之间（采用嵌入式轴承盖时，如图4-6a所示）设置调整垫片，在装配时通过垫片来控制轴向间隙。

对于可调间隙的轴承（如圆锥滚子轴承或角接触球轴承），则可利用调整垫片或螺钉来调整轴承间隙，以保证轴系的游动和轴承的正常运转。图4-6b所示为采用嵌入式轴承盖时利用螺钉来调整轴承游隙。

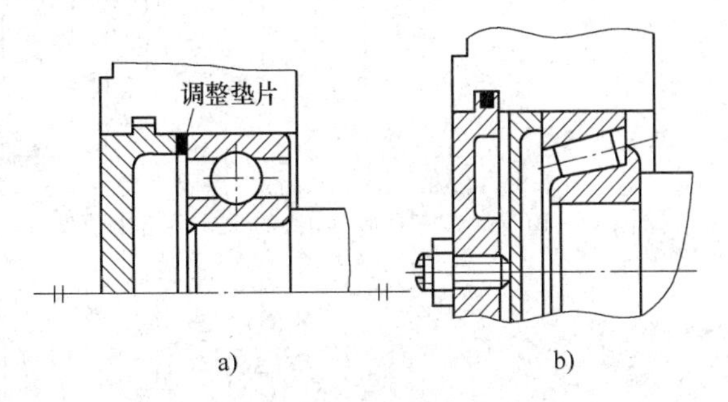

图4-6　嵌入式轴承盖轴向间隙调整

2. 轴承盖的结构

轴承盖的作用是固定轴承，承受轴向载荷，密封轴承底座孔，调整轴系位置和轴承间隙等，其结构有凸缘式和嵌入式两种类型。

1）凸缘式轴承盖用螺钉固定在箱体上，调整轴系位置或轴系间隙时不需要开箱盖，密封性也较好。

2）嵌入式轴承盖不用螺栓连接，结构简单，但密封性差。在轴承盖中设置O形密封圈能提高其密封性能，适用于油润滑。另外，采用嵌入式轴承盖时，利用垫片调整轴向间隙要开启箱盖。其结构与尺寸如图4-7与图4-8所示。

当轴承用箱体内的油润滑时，轴承盖的端部直径应略小些并在端部铣出尺寸 $b\times h$ 的径向对称缺口，以便使箱体剖分面上导油沟内的油流入轴承，如图4-9所示。

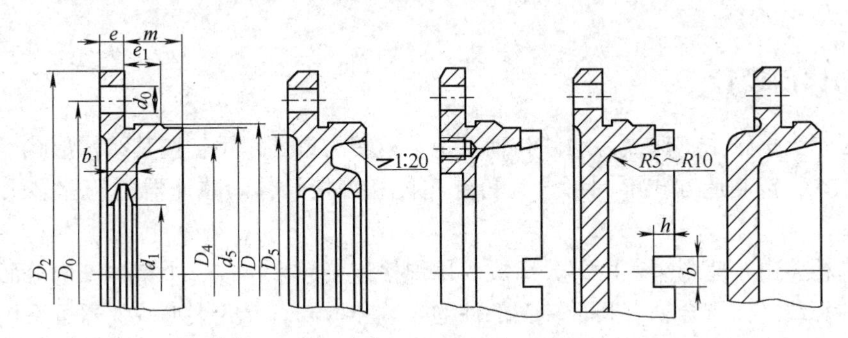

图4-7　凸缘式轴承盖结构

$d_0=d_3+1\text{mm}$　d_3 为端盖螺钉直径（见表4-3）$d_5=D-(2\sim4)\text{mm}$　$D_0=D+2.5d_3$　$D_2=D_0+2.5d_3$　$D_4=D-(10\sim15)\text{mm}$　$e=1.2d_3$　b_1、b_2 由密封尺寸确定　$e_1>e$　$b=5\sim10\text{mm}$　$D_5=D_0-3d_3$　m 由结构确定　$h=(0.8\sim1)b$

表 4-3　螺钉直径

轴承直径 D/mm	螺钉直径 d_3/mm	螺钉数	轴承直径 D/mm	螺钉直径 d_3/mm	螺钉数
45～65	6	4	110～140	10	6
70～100	8	4	150～230	12～16	6

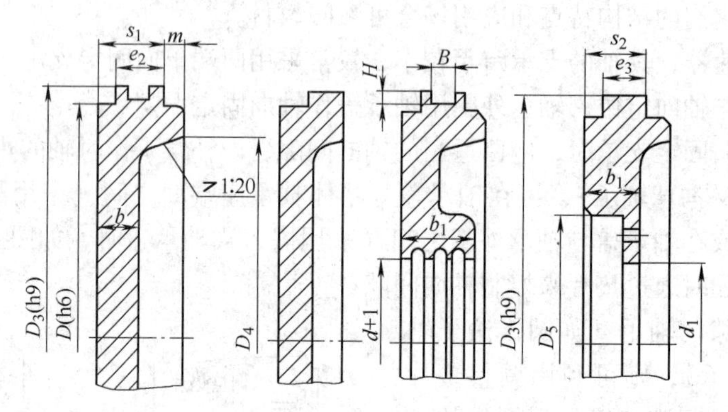

图 4-8　嵌入式轴承盖结构

$e_2=8\sim12$mm　$e_3=5\sim8$mm　$s_1=15\sim20$mm　$s_2=10\sim15$mm　m 由结构确定　$D_3=D+e_2$

$b=8\sim10$mm　装有 O 形密封圈的，按 O 形密封圈外径取值　D_5、d_1、b_1 等由密封尺寸确定

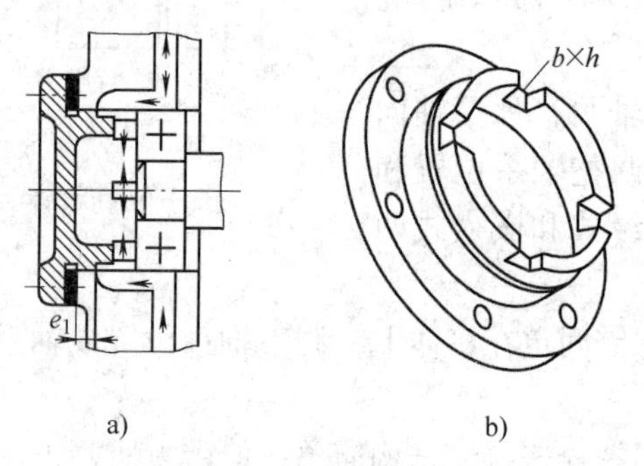

图 4-9　轴承端部结构

a）轴承盖装配图　b）轴承盖立体图

4.4　箱体及附件设计

4.4.1　箱体的设计

箱体起着支承轴系、保证传动件和轴系正常运转的重要作用。按其结构形状不同分为剖分式和整体式；按制造方式不同可分为铸造箱体和焊接箱体。减速器的箱体多采用剖分式结构。

剖分式箱体由箱座与箱盖两部分组成，用螺栓连接起来构成一个整体。剖分面与减速器内传动件轴心线平面重合，有利于轴系部件的安装和拆卸。立式大型减速器可采用若干个剖分面。图 4-10 为剖分式箱体。剖分接合面必须有一定的宽度，并且要求仔细加工。为了保证箱体的刚度，在轴承座处设有加强肋。箱体底座要有一定的宽度，以保证安装稳定性与刚度。

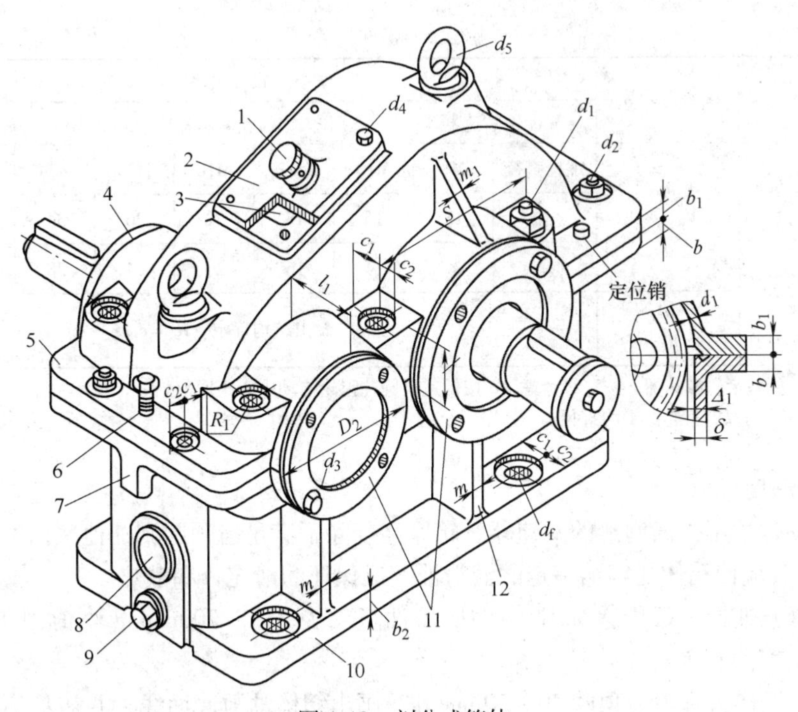

图4-10　剖分式箱体

1—通气器　2—检视孔盖　3—检视孔　4—调整垫片　5—箱盖　6—起盖螺钉
7—吊钩　8—油面指示器　9—油塞　10—箱座　11—轴承盖　12—外肋

减速器箱体一般用HT150、HT200制造。铸铁具有良好的铸造性能和可加工性，成本低。当承受重载时采用铸钢箱体。铸铁减速器箱体各部分的结构尺寸见表4-4。

表4-4　铸铁减速器箱体结构尺寸　　（单位：mm）

名　称	符　号	尺寸关系		
		齿轮减速器	锥齿轮减速器	蜗杆减速器
箱体壁厚	δ	$\delta=0.025a+\Delta\geqslant8$		$0.04a+3\geqslant8$
箱盖壁厚	δ_1	$\delta_1=0.020a+\Delta\geqslant8$ 式中，$\Delta=1$（单级），$\Delta=2$（双级）		上置式 $\delta_1=\delta$ 下置式 $\delta_1=0.85\delta\geqslant8$
箱体凸缘厚度	b、b_1、b_2	箱座 $b=1.5\delta$　箱盖 $b_1=1.5\delta_1$　箱底座 $b_2=2.5\delta$		
加强肋板厚度	m、m_1	箱座 $m=0.85\delta$　箱盖 $m_1=0.85\delta_1$		
地脚螺栓直径	d_f	$0.036a+12$	$0.018(d_{m1}+d_{m2})+1\geqslant12$	$0.036a+12$
地脚螺栓数目	n	$n=4$、5、6	$n=\dfrac{\text{箱底凸缘周长之半}}{200\sim300}\geqslant4$	
轴承旁连接螺栓直径	d_1	$0.75d_f$		
箱盖、箱体连接螺栓直径	d_2	$(0.5\sim0.6)d_f$		
轴承盖螺栓直径	d_3	$(0.4\sim0.5)d_f$（见表4-3）		
视孔盖螺栓直径	d_4	$(0.3\sim0.4)d_f$		

（续）

名　　称	符　　号	尺寸关系								
		齿轮减速器		锥齿轮减速器				蜗杆减速器		
d_f、d_1、d_2、至箱外壁距离 d_f、d_2 至凸台边缘的距离	c_1、c_2	螺栓直径	M8	M10	M12	M16	M20	M24	M27	M30
		$c_{1\min}$	13	16	18	22	26	34	34	40
		$c_{2\min}$	11	14	16	20	24	28	32	34
轴承旁凸台高度和半径	h R_1	h 由结构确定　$R_1 = c_2$								

注：1. 对锥–圆柱齿轮减速器，按双级考虑，a 按低速级圆柱齿轮传动中心距取值。

2. d_m、d_{m2} 为双锥齿轮的平均直径。

1. 箱座高度

对于传动件采用浸油润滑的减速器，箱座高度除了满足齿顶圆到油池底面的距离不少于 30 ~ 50mm 外，应使箱体能容纳一定的润滑油，以保证润滑充分和散热。

对于单级减速器，每传递 1kW 功率所需油量约为 350 ~ 700cm^3（小值用于低粘度油，大值用于高粘度油）。

设计时在距离大齿轮齿顶圆 30 ~ 50mm 处，画出箱体油池底面线，并初步确定箱座高度为：$H = \frac{d_{a2}}{2} + (30 \sim 50) + \Delta_5$。$d_{a2}$ 为大齿轮齿顶圆直径，Δ_5 为箱座底面至箱座油池底面的距离。

根据传动的浸油深度确定油面高度，即可计算出箱体的贮油量。若贮油量不能满足要求，应适当将箱底面下移，增加箱座高度。

2. 箱体要有足够的刚度

为了保证轴承座的支承刚度，箱体设计应注意以下几点：

1）箱体的壁厚。箱体要有合理的壁厚，轴承座、箱体底座等处承受的载荷较大，其壁厚应更厚些。箱座、箱盖、轴承座、底座凸缘等的壁厚可由表 4-4 确定。

2）轴承座连接螺栓凸台的设计。为提高剖分式箱体轴承座的刚度，轴承座两侧的连接螺栓应尽量靠近，为此需在轴承座旁设置螺栓凸台，如图 4-11 所示。

轴承座旁连接螺栓凸台孔径间距 $S \approx D_2$，D_2 为轴承盖外径。若 S 值过小，螺栓孔容易与轴承盖螺钉孔或箱体轴承座旁的导油沟产生干涉。

螺栓凸台高度 h 与扳手空间的尺寸有关，如图 4-11 所示，查表确定螺栓直径和 c_1、c_2，根据 c_1 用作图法可确定凸台的高度 h。为了便于制造，应将箱体上各轴承座旁边螺栓凸台设计成相同高度。

3）设置加强肋板。为了提高轴承座附近箱体刚度，在平壁式箱体上可适当设置加强肋板。箱体还可设计成凸壁带内肋板的结构。肋板厚度由表 4-4 选取。

3. 箱盖外轮廓的设计

箱盖顶部外轮廓常由圆弧和直线组成。

大齿轮所在一侧的箱体外表面圆弧半径 $R_1 = \frac{d_{a2}}{2} + \Delta_1 + \delta_1$，（图 4-1）。$d_{a2}$ 为大齿轮齿顶

圆直径，δ_1 为箱盖壁厚。通常情况下，轴承座旁螺栓凸台处于箱盖圆弧内侧。

高速轴一侧箱盖外廓圆弧半径应根据结构由作图确定。一般可使高速轴轴承座螺栓凸台位于箱盖圆弧内侧，高度确定后，取 $R > R'$ 画出箱盖圆弧。若取 $R < R'$ 画箱盖圆弧，则螺栓凸台将位于箱盖圆弧外侧。

当在主视图上确定了箱盖基本外廓后，便可在三个视图上详细画出箱盖的结构。

4. 箱体凸缘尺寸

箱盖与箱体连接凸缘、箱底座凸缘要有一定宽度，可由表 4-4 选取。

轴承座外端面应向外凸出 5 ~ 10mm（图 4-12），以便切削加工。箱体内壁至轴承座孔外端面的距离 L_1（轴承座孔长度）为 $L_1 = \delta + c_1 + c_2 + (5 \sim 10)$ mm。

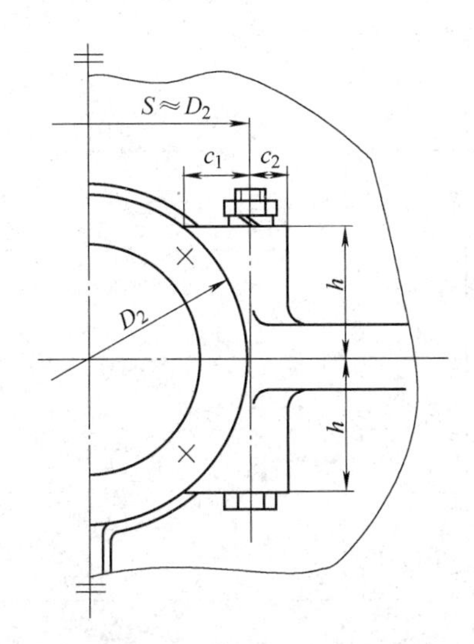

图 4-11　轴承座旁螺栓凸台

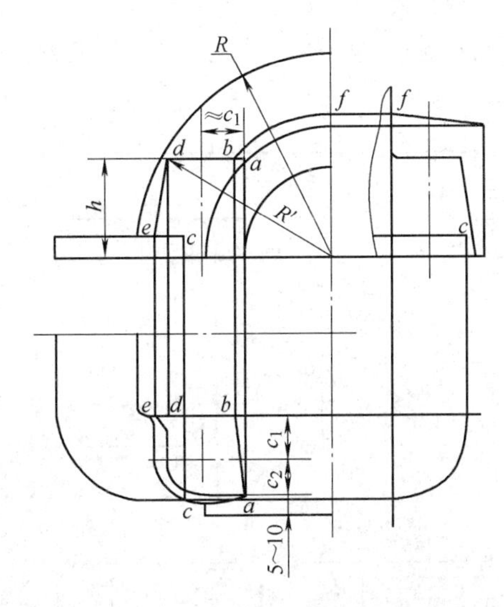

图 4-12　高速轴箱盖外廓圆弧结构

箱体凸缘连接螺栓应合理布置，螺栓间距不宜过大，一般减速器不大于 150 ~ 200mm。

5. 导油沟的形式和尺寸

当利用箱内传动件溅起来的油润滑轴承时，通常在箱体的凸缘面上开设导油沟，使飞溅到箱盖内壁上的油经导油沟进入轴承。

导油沟的布置和油沟尺寸如图 4-13a 所示。导油沟可以铸造，如图 4-13b 所示，也可铣制而成。图 4-13c 所示为用指状铣刀铣制的油沟，图 4-13d 所示为用盘铣刀铣制的油沟。铣制油沟由于加工方便，油流动阻力小，故较常应用。

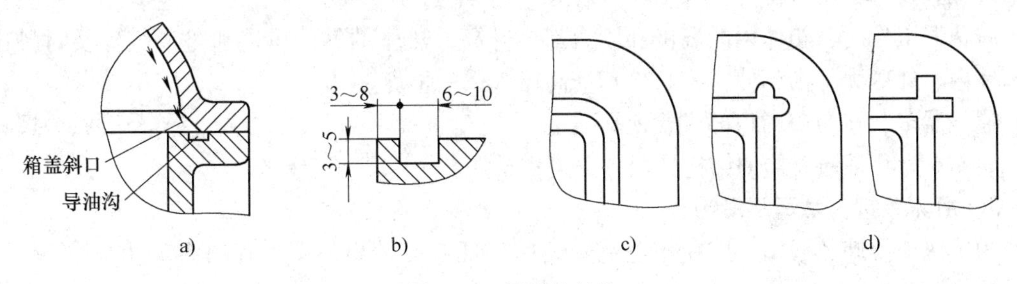

图 4-13　导油沟结构

4.4.2　减速器附件设计

为了检查传动件的啮合情况、注油、排油、指示油面高度、通气以及拆装吊运等，减速器还常设置有各种附件。

1．检视孔及盖板

检视孔主要用来检查传动件的啮合、齿侧间隙、接触斑点及润滑情况等。箱体的润滑油也是由此孔注入，为了减少油内的杂物进入箱体内，可在检视孔入口处安装过滤网。

检视孔通常开在箱盖的顶部，且要能看到啮合区的位置。其大小可根据减速器的大小而定，但至少应能将手伸入箱内进行检查操作。

检视孔要有盖板。盖板可用钢板或铸铁制成，用 M8 ~ M12 的螺钉紧固。一般中、小型检视孔及盖板的结构尺寸见表 4-5，也可参照减速器有关结构自行设计。

表 4-5　检视孔及盖板　　（单位：mm）

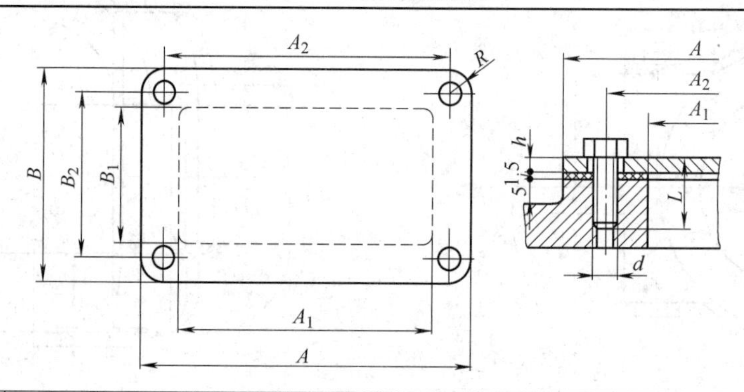

A	B	A_1	B_1	A_2	B_2	h	R	螺栓		
								d	L	个数
115	90	75	50	95	70	3	10	M8	15	4
160	135	100	75	130	105	3	15	M10	20	4
210	160	150	100	180	130	3	15	M10	20	6
260	210	200	150	230	180	4	20	M12	25	8
360	260	300	200	330	230	4	25	M12	25	8
460	360	400	300	430	330	6	25	M12	25	8

2．通气孔

减速器工作时，箱体内的温度和压力都会升高，热胀的气体可以通过通气器及时排出，使箱体内、外压力平衡，使得密封件不受高压气体的损坏。

通气器多装在箱盖的顶部或检视孔盖上。

表 4-6 为几种通气器的结构及尺寸，可供选用。

3．吊环螺钉、吊耳及吊钩

为了便于拆卸及搬运，应在箱盖上安装吊环螺钉或铸出吊耳（吊耳环）并在箱座上铸出吊钩。

表4-6　通气器　（单位：mm）

d	D	D_1	L	l	a	d_1
M10×1	13	11.5	16	8	2	3
M12×1.25	18	16.5	19	10	2	4
M16×1.5	22	19.6	23	12	2	5
M20×1.5	30	25.4	28	15	4	6
M22×1.5	32	25.4	29	15	4	7
M27×1.5	38	31.2	34	18	4	8
M30×2	42	36.9	36	18	4	8
M33×2	45	36.9	38	20	4	8
M36×3	50	41.6	46	20	5	8

吊环螺钉为标准件，可按起重重量选用。图4-14为吊环螺钉的螺钉尾部结构，其中图4-14c所示的螺孔的工艺性较好。

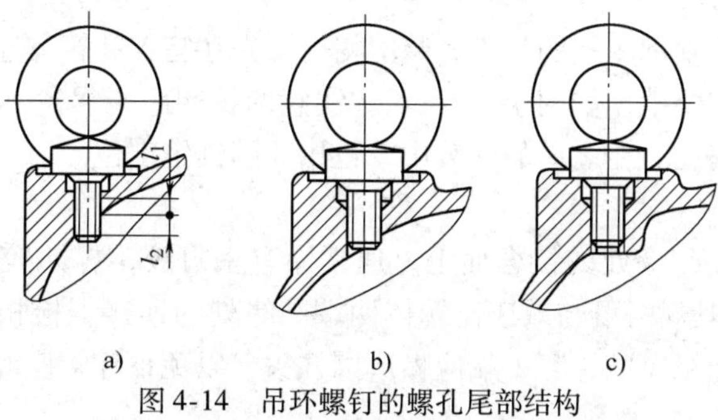

图4-14　吊环螺钉的螺孔尾部结构

a）不正确　b）可用　c）正确

为了减少机加工工序，可在箱盖上铸出吊耳来替代吊环螺钉。

箱座两端凸缘下部铸出的吊钩，是用来吊运整台减速器或箱体零件的，其结构见表4-7。

表4-7　起重吊耳和吊钩　（单位：mm）

吊耳（在箱盖上铸出）

$C_3=(4\sim5)\delta_1$

$C_4=1.3\sim1.5C_3$

$b=(1.8\sim2.5)\delta_1$

$R=C_4 \quad r_1=0.2C_3 \quad r=0.25C_3$

吊钩环（在箱盖上铸出）

$d=b\approx(1.8\sim2.5)\delta_1$

$R\approx(1\sim1.2)d$

$e=(0.8\sim1)d$

δ_1——箱盖壁厚

（续）

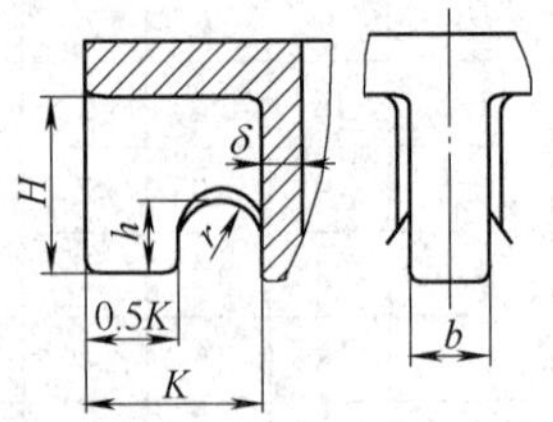

	吊钩（在箱座上铸出）
	$K=c_1+c_2$（见表 4-4） $H\approx0.8K$ $h\approx0.5H$ $r\approx0.25K$ $b\approx(1.8\sim2.5)\delta$
	吊钩（在箱座上铸出）
	$K=c_1+c_2$（表 4-4） $H\approx0.8K$ $h\approx0.5H$ $r\approx K/6$ $b\approx(1.8\sim2.5)\delta$ H_1 按结构确定

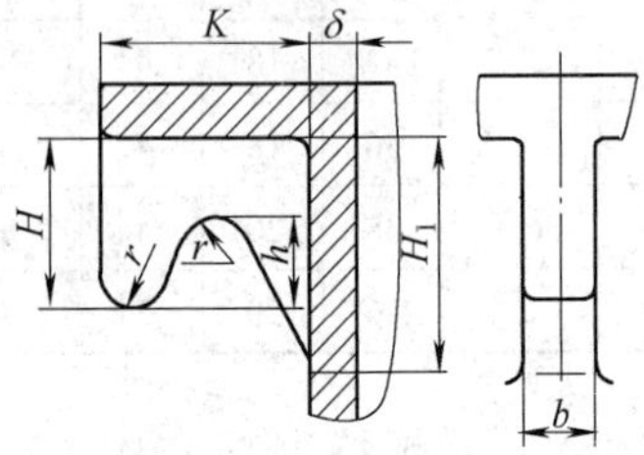

4. 定位销

为保证剖分式箱体轴承座孔的加工和装配精度，先在箱盖和箱体连接凸缘长度的对角线方向各安置一个圆锥定位销，如图 4-15 所示。注意两销间距应尽量远些，并用连接螺栓紧固，然后再加工轴承座孔。在之后的安装中，也用此圆锥销定位。

5. 起盖螺钉

在箱盖与箱座连接凸缘处的接合面上，通常涂有密封胶，拆卸较困难，故设置起盖螺钉，如图 4-16 所示，其规格可与减速器箱体两端凸缘处的连接螺栓相同，但起盖螺钉的螺纹长度要大于箱盖的凸缘厚度，且下端应做成圆柱头，以免顶坏箱座凸缘。

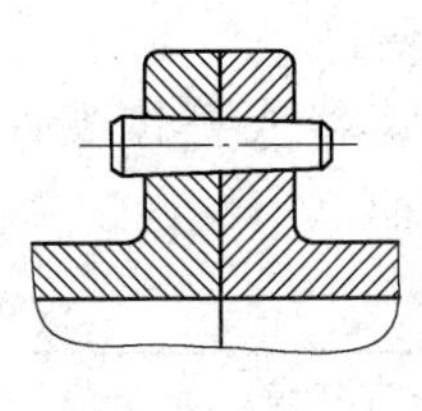

图 4-15　定位销

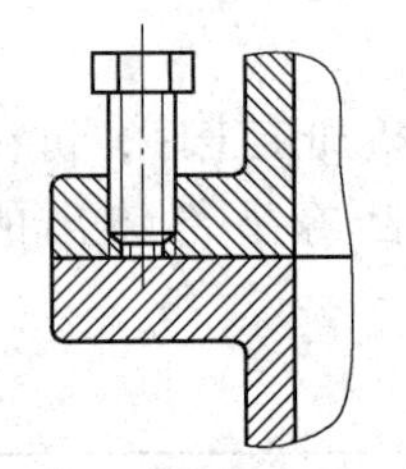

图 4-16　起盖螺钉

6. 油标

为了检查油面高度，同时为保证箱体内有适当的油面高度，通常在低速级附近油面波动较稳定处设置油标。

常用的油标有油尺、圆形油标、长形油标、油面指示螺钉等。一般采用带有螺纹部分的油尺。油尺安置的部位不能太低，以防油进入油尺座孔溢出。另外，箱座油尺座孔的倾斜位置应便于加工和使用。油尺结构见表 4-8。

7. 放油塞

为了便于换油和清洗箱体时排出油污，应在油池最低处设置排油孔。平时排油孔加油封圈用放油塞堵住，如图 4-17 所示。

表 4-8　油尺结构　（单位：mm）

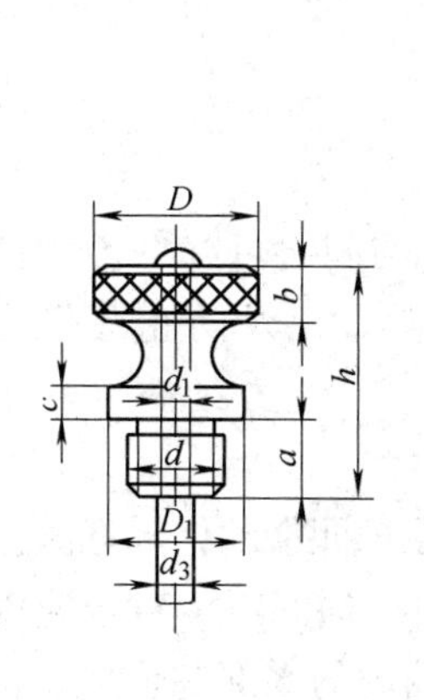

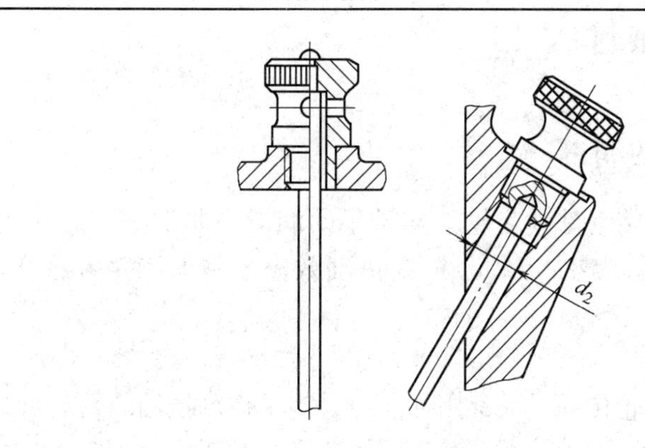

d	d_1	d_2	d_3	h	a	b	c	D	D_1
M12	4	12	6	28	10	6	4	20	16
M16	4	16	6	35	12	8	5	26	22
M20	6	20	8	42	15	10	6	32	26

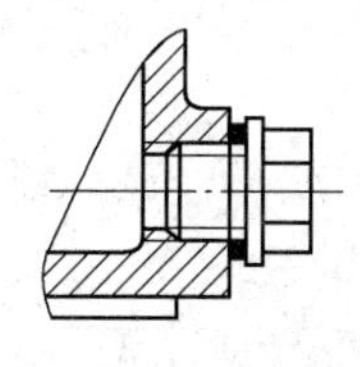

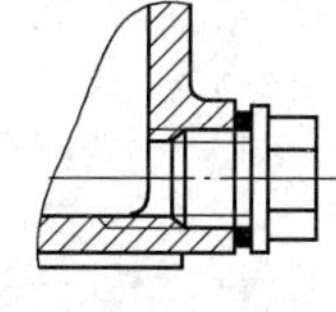

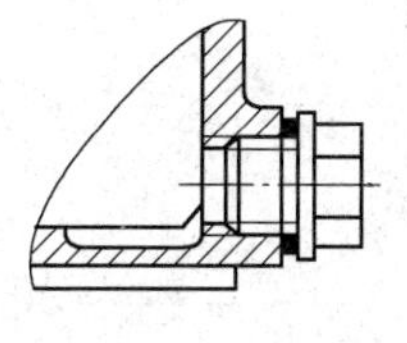

a)　　b)　　c)

图 4-17　放油塞结构

a）不正确　b）可用　c）正确

放油塞和油封圈的六角头螺塞结构尺寸见表 4-9。

表 4-9　六角头螺塞　（单位：mm）

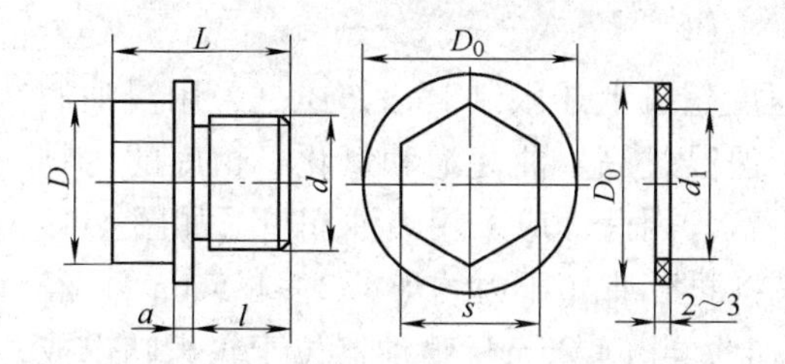

d	D_0	L	l	a	D	s	d_1	材料
M16×1.5	26	23	12	3	19.6	17	17	螺塞：Q235 油封圈：耐油橡胶； 工业用革：石棉橡胶纸
M20×1.5	30	28	15	4	25.4	22	22	
M24×2	34	31	16	4	25.4	22	26	
M27×2	38	34	18	4	31.2	27	29	
M30×2	42	36	18	4	36.9	32	32	

4.5　润滑与密封

4.5.1　减速器的润滑

在减速器中，传动件（齿轮）与轴承的润滑是非常重要的，良好的润滑可降低传动件及轴承的摩擦功耗，减少磨损，提高传动效率，降低噪声和改善散热，以及防止零件生锈等。

1. 浸油润滑

减速器内的齿轮传动，大都用油润滑，为了控制搅油的发热量，保护润滑油，降低溅油的功率损耗，提高润滑的效率，对于圆周速度 $v<12\mathrm{m/s}$ 的齿轮传动用浸油润滑。对于速度虽较高，但工作时间持续不长的齿轮传动，也可采用浸油润滑。浸入油内的零部件顶部到箱体内底面的距离 H 不小于 30mm，如图 4-18 所示，以免浸油零件运转时搅起沉积在箱底的杂质。

采用浸油润滑时，以圆柱齿轮的整个齿轮高 h 浸入油中为适度，但浸油深度不应少于 10mm（图 4-18b）。

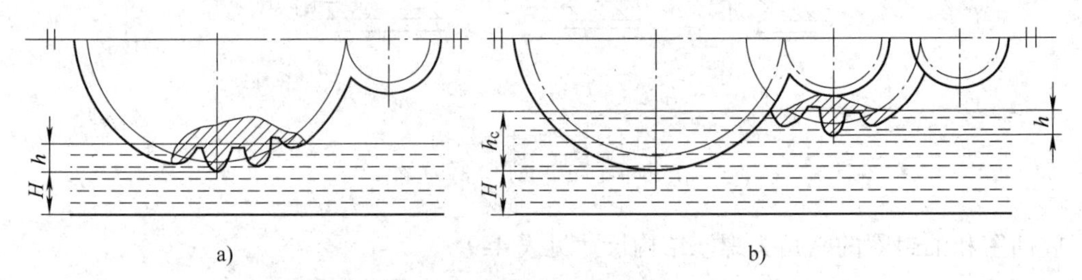

图 4-18　浸油润滑
a）单级齿轮润滑　b）双级齿轮润滑

2. 喷油润滑

当传动零件的圆周速度超过上述限制时，如还是采用浸油润滑，则会导致搅油过度、油温过高、油起泡和氧化、箱底的污物和金属屑等杂质进入啮合区。因此，应采用喷油润滑，如图 4-19 所示，喷油润滑即用油泵将润滑油（压力约为 1.2 ~ 1.5atm[⊖]）经喷油器喷到啮合的齿轮面上。当 $v\leqslant 25\mathrm{m/s}$ 喷油器位于轮齿啮出或啮入的一边即可，当 $v>25\mathrm{m/s}$ 时，喷油器应位于轮齿啮出的一边，以借润滑油及时冷却刚啮合过的轮齿，同时也对轮齿进行润滑。喷油润滑也常用于速度不高但工作繁重的重型减速器，或是需要借润滑油进行冷却的重要减速器。

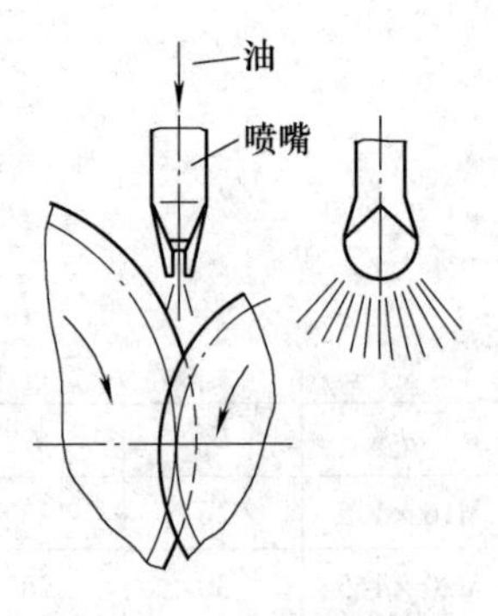

图 4-19　喷油润滑结构

⊖ atm（标准大气压），为非法定计量单位。1atm = 101325Pa。

4.5.2　滚动轴承的润滑

滚动轴承润滑的目的主要是减小摩擦、磨损，同时也有冷却、吸振、缓蚀和减小噪声的作用。

当滚动轴承 dn 值小于 $2\times10^5\text{mm}\cdot\text{r/min}$ 时，一般采用润滑脂润滑。

当采用润滑脂润滑时，为防止轴承中的润滑脂被箱内齿轮啮合时挤出的油冲刷、稀释而流失，需在轴承内设置挡油环，如图4-20所示。

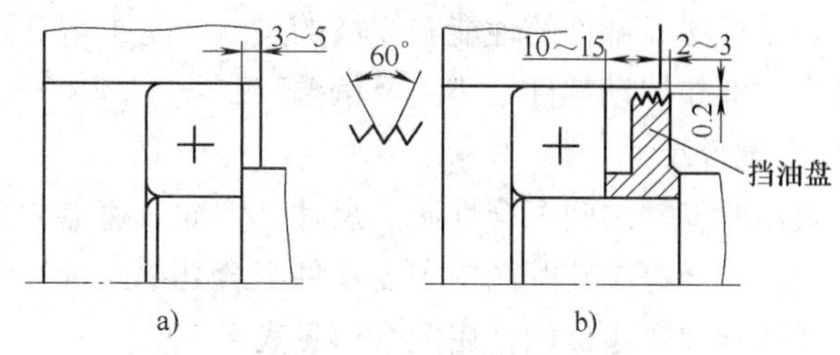

图4-20　挡油环结构

a）不设挡油环结构　b）设挡油环结构

当轴颈速度过高时，应采用润滑油润滑，这不仅使摩擦阻力减小，而且可起到散热、冷却作用。

当采用油润滑时，若轴承旁小齿轮的齿顶圆小于轴承的外径，为了防止齿轮啮合时（特别是斜齿轮啮合和高速传动）挤出的热油大量冲向轴承内部，增加轴承阻力，常设挡油板，如图4-21所示。挡油板可采用薄钢板或用钢材车削，也可用铸造成形。

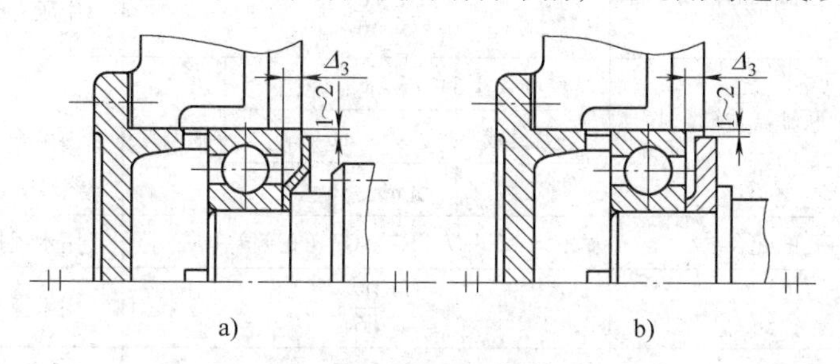

图4-21　挡油板结构

a）挡油板由薄钢板制成　b）挡油板由铸造成型

4.5.3　减速器的密封

减速器的各接缝面都应确保密封性能，不允许渗漏润滑油。

1．轴外伸端密封

在输入轴和输出轴的外伸端，都必须在轴承端盖孔内安装密封件。密封的作用是使滚动轴承和箱外隔绝，防止润滑剂漏出及箱外杂质、水分与灰尘进入轴承室。常见的密封形式很多，相应的密封效果各不相同。常用的毡圈式密封，如图4-22所示。在轴承透盖上梯形槽内装入毛毡圈，使其与轴在接触径向压紧达到密封。密封处轴颈的速度 $v\leqslant(4\sim5)\text{m/s}$。

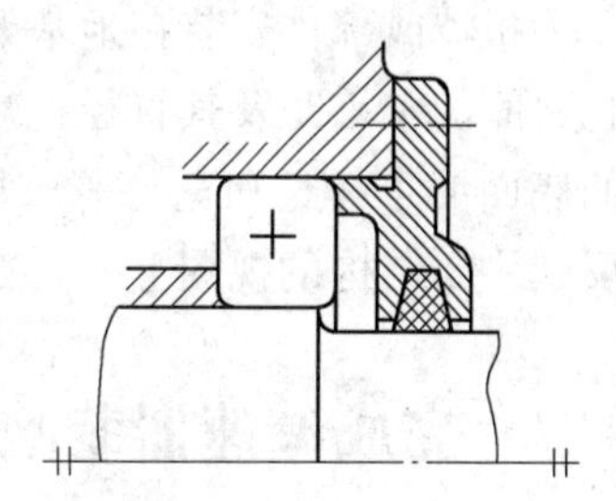

图4-22　毡圈式密封

2．其他部位的密封

凸缘式轴承端盖、检视孔盖板、放油塞、油标等接缝面均需装纸封油垫（或皮封油垫）以确保密封性能。但箱体接合面上不得加垫片，而在接合面上涂密封胶或在接合面上制出导油沟，以便油流回箱内。

4.6 标注尺寸

装配图是装配机器（部件）的依据之一，因此装配图中应标明以下有关尺寸。

1. 性能尺寸

表示机器或部件的性能和规格的尺寸，是了解和选用机器的依据。这些尺寸在设计时就已确定。例如传动零件中心距及偏差。

2. 配合尺寸

表示两零件之间配合性质的尺寸。例如减速器中各轴承和轴、轴承座的配合；齿轮、蜗轮和轴的配合等。装配图中主要零件配合处都应标注配合尺寸。

减速器主要零件的常用配合值见表4-10。

表4-10 减速器主要零件的常用配合值

<table>
<tr><th>配合零件</th><th colspan="3">常用配合</th><th>拆装方法</th></tr>
<tr><td>一般传动零件与轴、联轴器与轴</td><td colspan="3">$\frac{H7}{r6}$ $\frac{H7}{s6}$</td><td>用压力机或温差法</td></tr>
<tr><td>要求对中性良好及很少拆装的传动零件与轴、联轴器与轴</td><td colspan="3">$\frac{H7}{r6}$</td><td>用压力机</td></tr>
<tr><td rowspan="3">滚动轴承内圈与轴、联轴器与轴、小锥齿轮与轴</td><td>轻负载</td><td>j6、k6</td><td rowspan="3">轴偏差</td><td rowspan="3">用温差法或压力法</td></tr>
<tr><td>中等负载</td><td>k6、m6、n6</td></tr>
<tr><td>重负载</td><td>n6、p6、r6</td></tr>
<tr><td>滚动轴承外圈与机座孔的配合</td><td colspan="3">K7、J7、H7、G7（孔偏差）</td><td>用木锤打入</td></tr>
<tr><td>轴承与箱座孔</td><td colspan="3">$\frac{H7}{h6}$</td><td>用木锤或徒手拆装</td></tr>
<tr><td>轴承端盖与箱座孔</td><td colspan="3">$\frac{H7}{h8}$ $\frac{H7}{f9}$</td><td>用木锤或徒手拆装</td></tr>
</table>

3. 外形尺寸

表示机器或部件外形轮廓的尺寸即外形尺寸。如减速器总长、总高、总宽等。它是包装、运输机器以及厂房设计和安装机器时需考虑的尺寸。

4. 安装尺寸

机器或部件安装在地基上或与其他机器、部件相连时所需的尺寸。如减速器中地脚螺栓孔之间的中心距及其直径；减速器中心高；主动轴及从动轴外伸端的配合长度和直径；箱体的底面尺寸（长和宽）等。尺寸标注时应注意布图整齐、清晰、美观。尺寸应尽量集中在反映主要结构的视图上。

4.7 完成减速器装配图

完整的装配图应包括表达减速器结构的各个视图、主要尺寸和配合、技术特性和技术要求、零件编号、零件明细栏和标题栏等。

表达减速器结构的各个视图应在已绘制的装配草图基础上进行修改、补充，使视图完整、清晰并符合制图规范。装配图上应尽量避免用虚线表示零件结构。必须表达的内部结构或某些附件的结构，可采用局部视图或局部剖视图加以表示。

本阶段还应完成的各项工作内容分述如下。

1. 编写技术要求

装配图上应写明有关装配、调整、润滑、密封、检验、维护等方面的技术要求。一般减速器要求，通常包括以下几个方面的内容：

1）装配前所有零件均应清除铁屑并用煤油或汽油清洁，箱体内不应有任何杂物存在，箱体内壁应涂上耐蚀涂料。

2）注明传动件及轴承所用的润滑剂的牌号、用量、补充和更换的时间。

3）箱体剖分面及轴外伸段密封处均不允许漏油，箱体剖分面上不允许使用任何垫片，但允许涂刷密封胶或水玻璃。

4）写明对传动侧隙和接触斑点的要求，作为装配式检查的依据。对于多级传动，当各级传动的侧隙和接触斑点要求不同时，应分别在技术要求中注明。

5）注明安装调整的要求，对可调游隙的轴承（如圆锥滚子轴承和角接触球轴承），应在技术条件中标出轴承游隙数值。对于两端固定支承的轴系，若采用不可调游隙的轴承（如深沟球轴承），则要注明轴承盖与轴承外圈端面之间应保留的轴向间隙（$\Delta=0.25\sim0.4$mm），如图4-23所示。

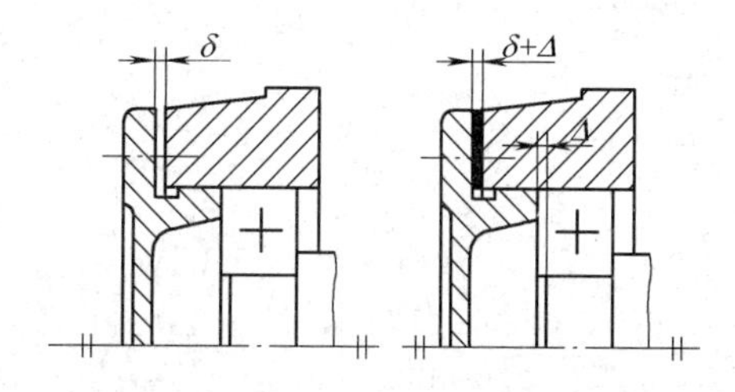

图4-23　滚动轴承游隙的调整

6）其他要求，如必要时可对减速器试验、外观、包装、运输等提出要求。

在减速器装配图上写出的技术要求及其内容，可参考附录部分。

2. 零件编号

在装配图上应对所有零件进行编号，不能遗漏，也不能重复，图中完全相同的零件只编一个序号。

对零件编号时，可按顺时针或逆时针顺序依次排列引出指引线，各指引线不应相交。对螺栓、螺母和垫圈这类配套连接件，可用一条公共的指引线分别编号。独立的组件、部件（如滚动轴承、通气器、油尺等）可作为一个零件编号。零件编号时可不分标准件和非标准件统一编号；也可将两者分别进行编号。

装配图上零件序号的字体应大于标注尺寸的字体。

3. 编写零件明细栏、标题栏

明细栏列出了减速器装配图中表达的所有零件。对于每个编号的零件，在明细栏上都要按照序号列出名称、数量、材料和规格。

标题栏应布置在图样的右下角，用来注明减速器的名称、比例、图号、件数、重量、设计人姓名等。

完成以上工作后即可得到完整的装配图。

4. 检查装配图

装配图完成后，应再仔细地进行一次检查。检查的内容主要有：

1）视图的数量是否足够，减速器的工作原理、结构和装配关系是否已表达清楚。

2）尺寸标注是否正确，各处配合与公差等级的选择是否适当。

3）技术要求和技术特性是否正确，有无遗漏。

4）零件编号是否有遗漏或重复，标题栏及明细栏是否符合制图规范。

装配图检查修改后，待零件图完成，应再次加深描粗。图上的文字和数字应按照制图规范工整地书写，图面要保持清洁。

第 5 章　减速器零件图的设计与绘制

5.1　零件图的内容和要求

零件图是制造、检验零件和制定工艺规程的基本技术文件。它既要根据装配图表明设计要求，又要结合制造的加工工艺性表明加工要求，因此，应包括制造和检验零件所需的全部内容。

零件图的绘制应包括以下几个方面：

（1）正确选择和合理布置视图　用尽可能少的视图、剖视、剖面及其他机械制图中规定的画法，清晰而正确地表达出零件的结构形状和几何尺寸。

（2）合理标注尺寸　尺寸必须齐全、清楚，并且标注合理，无遗漏，不重复；对配合尺寸和要求较高的尺寸，应标注尺寸的极限偏差，并根据不同的使用要求，标注几何公差；所有加工表面都应注明表面粗糙度值 Ra。

（3）编写技术要求　零件在制造、检测或使用上应达到的要求，当不使用规定的符号标注时，可集中书写在图样的右下角。技术要求的内容较广泛，需视具体零件的要求而定。有关轴、齿轮和箱体技术要求的具体内容，详见后文。

（4）绘制零件图标题栏　标题栏的格式和尺寸如图 5-1 所示。

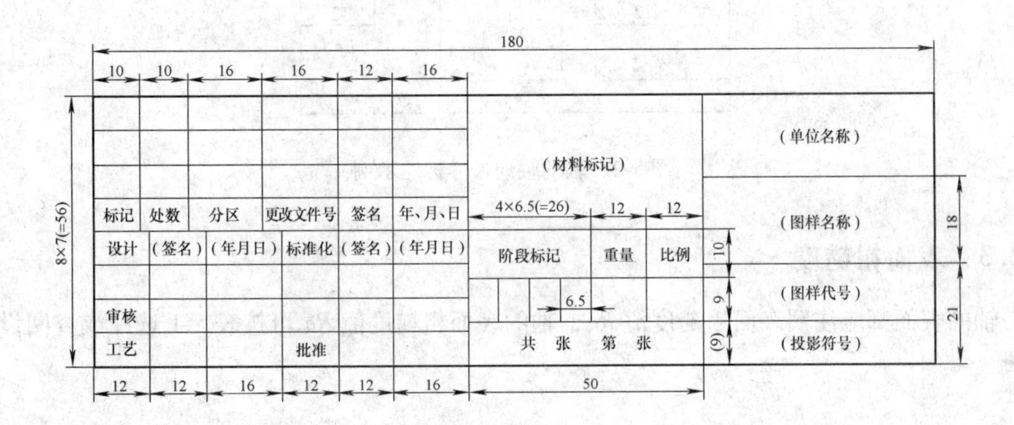

图 5-1　零件图的标题栏

每张零件图只表达一个零件，所表达的零件结构和装配尺寸应与装配图一致。但在零件图设计过程中，如发现装配图上的零件有不完善之处或有错误时，可以修改该零件的结构和有关尺寸，此时，必须对装配图作相应的修改。

5.2　轴类零件图的设计及绘制

5.2.1　视图的选择

轴类零件图，一般只需一个主视图；在有键槽和孔的地方，可增加局部剖视；对轴上的中心孔、退刀槽、砂轮越程槽等细小结构，如有要求，可画出局部放大图。

5.2.2　尺寸标注

轴类零件主要标注各轴段的直径尺寸和长度尺寸。

轴的直径尺寸标注时，应注意有配合关系的部位。当各轴段直径有几段相同时，应逐一标注，不得省略。

标注轴向尺寸时，要根据零件尺寸的加工精度要求和机械加工工艺过程，确定加工基准后，选择合理的标注形式。对于尺寸精度要求高的长度尺寸，应直接注出，避免加工过程中的尺寸换算。不允许尺寸链封闭。图 5-2 所示为轴的轴向尺寸标注示例，2、3 为主要基准面，1、4 为辅助基准面，这是因为轴 $22_{-0.14}^{0}$ 和 $12_{-0.12}^{0}$ 的两段公差等级较高，其尺寸应从轴环的两侧标出，这种标注方法反映出零件在车床上的加工顺序。

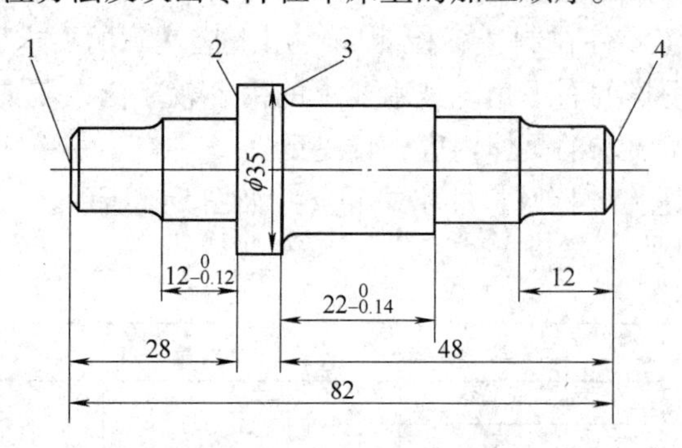

图 5-2　轴的轴向尺寸标注示例

5.2.3　表面粗糙度

轴的表面都应注明表面粗糙度值 *Ra*，轴的表面粗糙度值 *Ra* 可按表 5-1 选择或查阅设计手册。

表 5-1　轴的表面粗糙度值 *Ra* 推荐值

加工表面	*Ra*/μm	
与传动零件、联轴器配合的表面	3.2 ~ 0.8	
传动件及联轴器的定位端面	5.3 ~ 1.6	
与普通精度滚动轴承配合的表面	0.8（轴承内径≤80mm）	1.6（轴承内径≤80mm）
普通精度滚动轴承的定位端面	2.0（轴承内径≤80mm）	2.5（轴承内径≤80mm）

（续）

<table>
<tr><td>加工表面</td><td colspan="4">Ra/μm</td></tr>
<tr><td>平键键槽</td><td colspan="3">3.2（键槽侧面）</td><td>5.3（键槽底面）</td></tr>
<tr><td rowspan="5">密封处表面</td><td colspan="2">毡圈</td><td>橡胶密封圈</td><td rowspan="2">油沟、迷宫式</td></tr>
<tr><td colspan="3">密封处圆周速度/(m/s)</td></tr>
<tr><td>≤3</td><td>>3～5</td><td>>5～10</td><td rowspan="2">3.2～1.6</td></tr>
<tr><td>1.6～0.8</td><td>0.8～0.4</td><td>0.4～0.2</td></tr>
<tr><td colspan="4"></td></tr>
<tr><td>其他表面</td><td colspan="3">5.3～3.2（非工作面）</td><td>12.5～5.3（非工作面）</td></tr>
</table>

5.2.4　几何公差

轴类零件的零件图应标出必要的几何公差，以保证加工精度和装配质量。标注的方法及公差数值可参考设计手册，轴上标注的几何公差推荐的项目见表 5-2。

表 5-2　轴的几何公差推荐项目

内容	项　目	符号	推荐公差等级(IT)	对工作性能的影响
形状公差	与传动零件相配合直径的圆度	○	7～8	影响传动零件、轴承与轴的配合松紧及对中性
	与传动零件轴孔、轴承孔相配合的圆柱面的圆柱度	⌭		
跳动公差	与传动零件和轴承相配合的圆柱面对轴线的径向全跳动	⌰	6～8	影响传动件和轴承的运转偏心
	与齿轮、轴承定位的端面对轴线的轴向圆跳动	↗	6～8	影响齿轮和轴承的定位及受载均匀性
位置公差	键槽对轴线的对称度	⌯	7～9	影响键受载的均匀性及拆装的难易

5.2.5　技术要求

轴类零件的技术要求一般包括以下内容：

1）对材料力学性能、化学成分的要求及允许采用的材料。

2）对材料表面力学性能的要求，如热处理方法、热处理后的硬度、渗碳层深度及淬火深度等。

3）对机械加工的要求，如与其他零件配合的要求、中心孔的要求（不保留中心孔等）。

4）图上未注圆角、倒角的说明及其他一些特殊要求（如镀铬）等。

轴零件图图示，如图 5-3 所示。

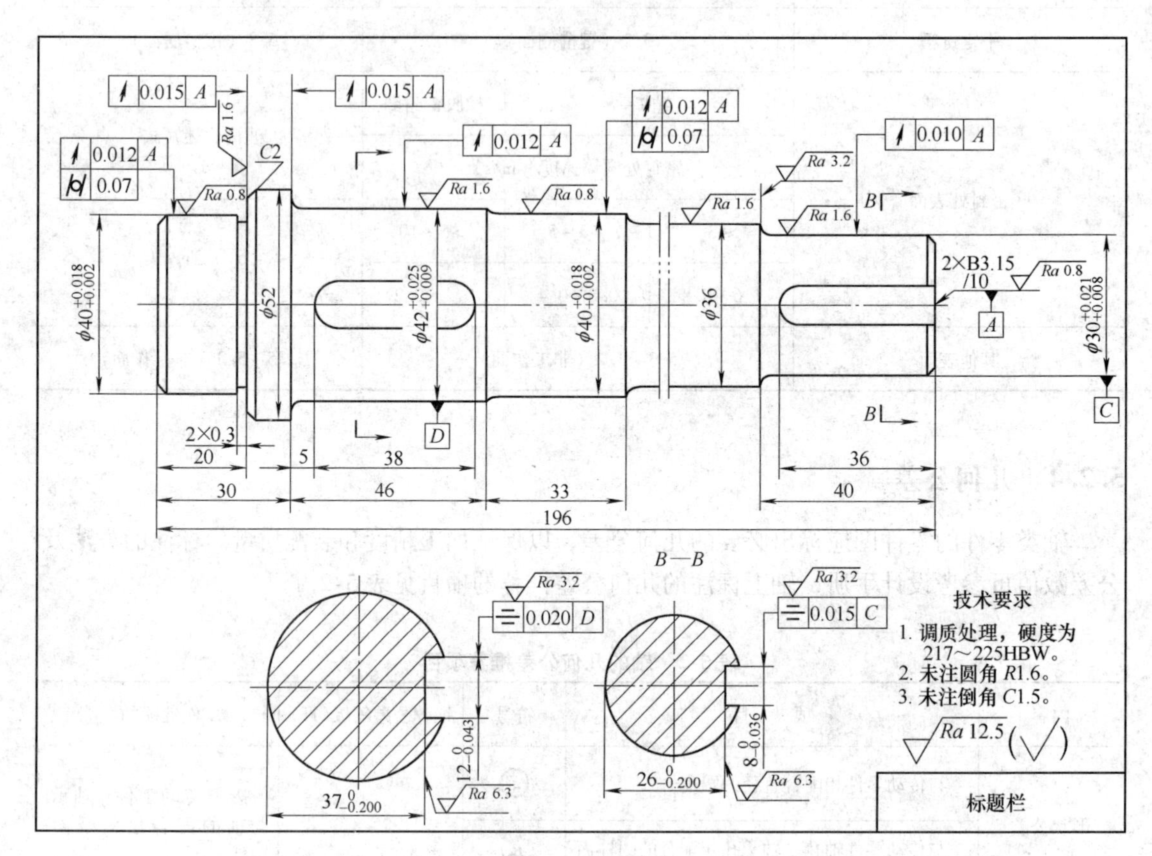

图 5-3　轴零件图

5.3　齿轮类零件图的设计与绘制

5.3.1　视图的选择

齿轮类零件一般用两个视图来表达，即主视图和侧视图。主视图通常采用全剖或半剖视图，侧视图则可以采用表达孔、键槽等形状和尺寸为主的局部视图。对于轮辐结构齿轮，还应增加必要的局部视图。

5.3.2　尺寸、表面粗糙度及几何公差的标注

齿轮的轴孔和端面既是工艺基准，也是测量和安装的基准，所以标注尺寸时以应轴孔的中心线为基准，在垂直于轴线的视图上注出各径向尺寸，齿宽方向的尺寸则以端面为基准标出。齿轮分度圆是设计的公称尺寸，也应标出。

齿顶圆作为测量基准时有两种情况：一是加工时用齿顶圆定位或找正，此时需要控制齿

坯齿顶圆的径向跳动；二是用齿顶圆定位检验齿厚或基节尺寸公差，此时需要控制齿坯的齿顶圆公差和径向跳动。齿根圆尺寸在图样上不标注。

通常按照齿轮的公差等级确定其公差数值。

齿轮零件图需要标注的尺寸公差与几何公差项目如下：

1）齿顶圆直径的极限偏差。

2）轴孔或齿轮轴轴颈的尺寸公差。

3）齿顶圆径向跳动公差。

4）齿轮端面的轴向圆跳动公差。

5）锥齿轮的轮冠距和面锥角极限偏差。

6）键槽宽度 b 的极限偏差和尺寸（$d-t_1$）的极限偏差。

7）键槽的对称度公差等级。

具体数值可查阅机械设计手册或参考表 5-3 标注。

表 5-3　齿坯几何公差值推荐表

<table>
<tr><th>内容</th><th>项目</th><th>符号</th><th>推荐公差等级(IT)</th><th>对工作性能的影响</th></tr>
<tr><td rowspan="4">跳动公差</td><td>圆柱齿轮以顶圆作为测量基准时齿顶圆的径向圆跳动</td><td rowspan="4">↗</td><td rowspan="4">按齿轮及蜗轮（蜗杆）的公差等级</td><td rowspan="4">影响齿厚的测量精度并在切齿时产生相应的齿圈径向圆跳动误差。产生传动件的加工中心不一致，引起各齿分布不均</td></tr>
<tr><td>锥齿轮的齿顶锥的径向圆跳动</td></tr>
<tr><td>蜗轮顶圆的径向圆跳动，蜗杆顶圆的径向圆跳动</td></tr>
<tr><td>基准端面对轴线的轴向圆跳动</td></tr>
<tr><td>位置公差</td><td>键槽侧面对孔轴线的对称度</td><td>⌯</td><td>8~9</td><td>影响侧面受载的均匀性及拆装难易</td></tr>
<tr><td>形状公差</td><td>轴孔的圆柱度</td><td>⌭</td><td>7~8</td><td>影响传动零件与轴配合的松紧及对中性</td></tr>
</table>

齿轮上各加工平面应标注表面粗糙度值，标注时可参考机械设计手册选择表面粗糙度 Ra 值，也可以参考表 5-4 进行选择。

表 5-4　齿轮坯表面粗糙度值 *Ra* 推荐值　（单位：μm）

<table>
<tr><th colspan="2" rowspan="2">加工表面</th><th colspan="4">传动公差等级</th></tr>
<tr><th>6</th><th>7</th><th>8</th><th>9</th></tr>
<tr><td rowspan="3">齿轮工作面</td><td>圆柱齿轮</td><td rowspan="3">1.6~0.8</td><td rowspan="2">3.2~0.8</td><td rowspan="3">3.2~1.6</td><td rowspan="3">5.3~3.2</td></tr>
<tr><td>锥齿轮</td></tr>
<tr><td>蜗轮及蜗杆</td><td>1.6~0.8</td></tr>
</table>

（续）

加工表面	传动公差等级			
	6	7	8	9
齿顶圆	12.5 ~3.2			
轴孔	3.2 ~1.6			
与轴肩配合的端面	5.3 ~3.2			
平键键槽	5.3 ~3.2（键槽侧面）12.5（键槽底面）			
轮圈与轮芯的配合面	3.2 ~1.6			
其他加工表面	12.5 ~5.3			
非加工表面	100 ~50			

5.3.3 啮合特性表

齿轮类零件图上的啮合特性表应安置在图样的右上角。表中内容由两部分组成：第一部分是齿轮的基本参数和精度等级；第二部分是齿轮和传动检验项目及其偏差值或公差值。详细内容可参考机械设计手册或齿轮零件图示例。表 5-5 为圆柱齿轮啮合特性表具体格式，可供参考。

表 5-5　啮合特性表

模数	m（m_n）		精度等级		
齿数	z		相啮合齿轮图号		
压力角	α		变位系数	x	
齿顶高系数	h_a^*		误差检验项目	Ⅰ	F_r
齿轮副中心距及其极限偏差	$a \pm f_a$				F_w
公法线长度及其极限偏差	W_n			Ⅱ	f_f
齿高	h				f_{pb}
螺旋角	β			Ⅲ	f_β
轮齿倾斜方向	左或右		跨齿数	k	

5.3.4　技术要求

齿轮类零件的主要技术要求如下：

1）对铸件、锻件或其他类型坯件的要求。

2）对材料力学性能和化学成分的要求及允许替代材料的要求。

3）材料、齿部热处理方法、热处理后的硬度要求。

4）未注明的圆角半径、倒角的说明及锻造或铸造斜度要求等。

5）对大型齿轮或高速齿轮的平衡试验要求等。

5.3.5　齿轮零件图示例（图 5-4）

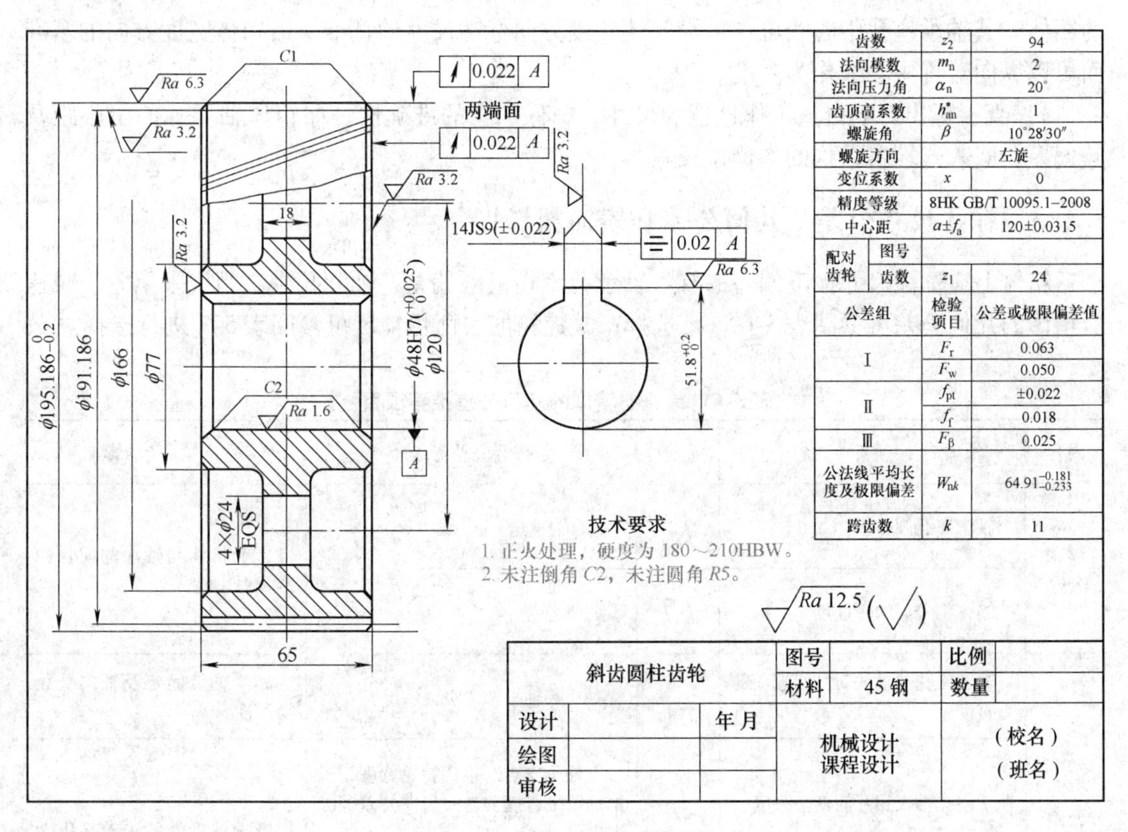

图 5-4　圆柱斜齿轮零件图

5.4　减速器零件图的设计与绘制

5.4.1　视图的选择

箱体（箱座及箱盖）的视图通常采用三个视图，即主视图、俯视图和左视图。根据结构的复杂程度可增加一些必要的局部视图、向视图及局部放大图，如排油孔、油标孔、检视孔等局部结构。

5.4.2　尺寸标注

箱体零件形状复杂，尺寸繁多。标注尺寸时，既要考虑铸造、加工工艺、测量、检验的要求，又要做到尺寸多而不乱、不重复、无遗漏。因此，必须注意以下几点。

1）形状尺寸应直接标出，不应有任何运算。这类尺寸包括：箱体的壁厚、长、高、宽、孔径及其深度、螺纹孔尺寸、凸缘尺寸、加强肋尺寸、槽宽及槽深、曲线的曲率半径等。

2）定位尺寸和相对位置尺寸是确定箱体各部分相对于基准的位置尺寸。

标注时最好选择加工基准面作为标注尺寸的基准，以便加工和测量。如剖分式箱体的箱座和箱盖的高度方向的相对位置尺寸应以剖分面和底面为标注尺寸的基准。圆柱齿轮减速器的箱体，其轴承座孔中心线可作为沿箱体长度方向标注尺寸的基准。沿箱体宽度方向的基准面可以纵向对称中心线作为基准。

3）直接标出影响机械工作性能的尺寸，确保加工的准确性。如箱体轴承孔的中心距及其偏差，嵌入式端盖结构的沟槽位置等。

5.4.3　标注尺寸公差、几何公差和表面粗糙度

箱体上应标注尺寸极限偏差的有：轴承孔直径极限偏差；轴承孔中心距极限偏差。减速器箱体的几何公差可参阅表5-6进行选择；减速箱的表面粗糙度可参阅表5-7进行选择。

表5-6　减速器箱体的几何公差推荐项目

内容	项目	符号	推荐公差等级	对工作性能的影响
形状公差	轴承座孔圆柱度	⌭	0级轴承选6~7级	影响机体与轴承的配合性能及对中性
	箱体剖分面的平面度	▱	7~8级	
方向公差	轴承座孔的轴线对其两端面的垂直度	⊥	对0级轴承选7级	影响轴承固定及轴向受载均匀性
	轴承座孔轴线相互间的平行度	//	以轴承支点跨距代替轮宽度，根据轴线平行度公差及齿向公差等级查出	影响传动件的传动平稳性及载荷分布的均匀性
	锥齿轮减速器及蜗轮减速器的轴承孔轴线相互间的垂直度	⊥	根据齿轮和蜗轮精度确定	
位置公差	轴承座孔轴线对机体剖分面在垂直平面上的位置度	⌖	公差值≤0.3mm	影响镗孔精度和轴系装配。影响传动件的传动平稳性及载荷分布的均匀性
	两轴承座孔轴线的同轴度	◎	7~8级	影响减速器的装配及传动零件的载荷分布均匀性

表 5-7　减速箱加工表面推荐表面粗糙度 *Ra* 值　（单位：μm）

加工表面	表面粗糙度 *Ra* 值	加工表面	表面粗糙度 *Ra* 值
剖分面	3.2 ~ 1.6	轴承端盖及套杯的其他配合面	5.3 ~ 1.6
轴承座孔	1.6 ~ 0.8	油沟及检视孔连接面	12.5 ~ 5.3
轴承座凸缘外端面	3.2 ~ 1.6	箱座底面	12.5 ~ 5.3
螺栓孔、螺栓或螺钉沉头座	12.5 ~ 5.3	圆锥销孔	1.6 ~ 0.8

5.4.4　技术要求

箱体零件的主要技术要求如下：

1）箱座与箱盖的轴承孔必须配镗。

2）剖分面上的定位销孔应在镗轴承孔前配钻、配铰。

3）铸造斜度、铸造圆角的说明。

4）铸件的时效处理及清砂，自然时效不少于六个月。

5）铸件不得有裂纹或超过规定的缩孔等缺陷。

6）剖分面应无蜂窝状缩孔，每个缩孔深度不得大于 3mm，直径不得大于 5mm，其位置距外缘不得超过 15mm，全部缩孔面积不得大于接合面面积的 5%。

7）轴承孔端面的缺陷尺寸不大于加工表面的 5%，深度不大于 2mm，位置应在轴承盖螺钉孔外面。

8）内表面用煤油洗净并涂漆。

9）箱座不得有渗漏现象。

以上技术要求可根据需要选择。

5.4.5　箱盖和箱座零件图示例

箱盖和箱座零件图如图 5-5 和图 5-6 所示。

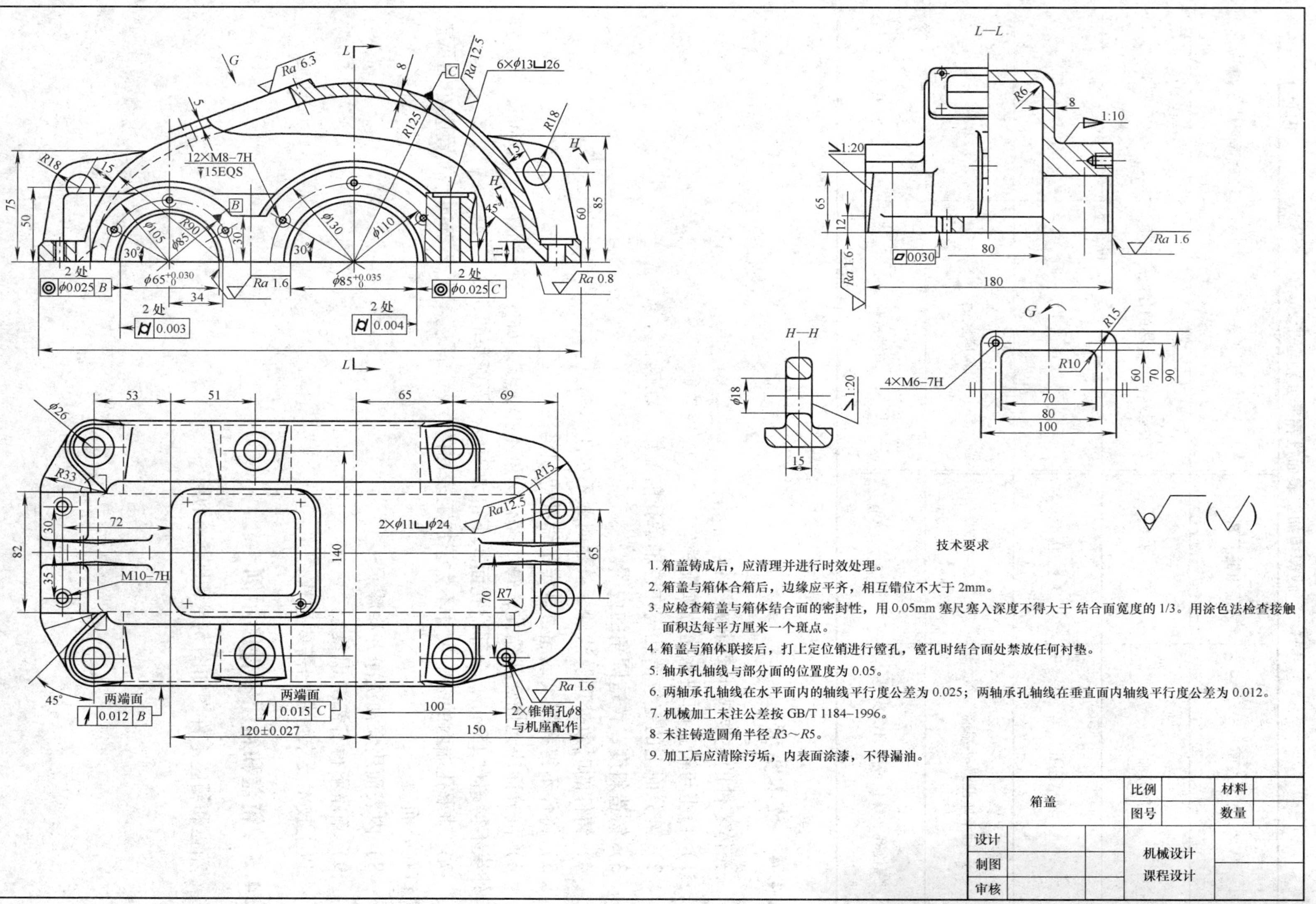
L—L
H—H
技术要求
1. 箱盖铸成后，应清理并进行时效处理。
2. 箱盖与箱体合箱后，边缘应平齐，相互错位不大于2mm。
3. 应检查箱盖与箱体结合面的密封性，用0.05mm塞尺塞入深度不得大于结合面宽度的1/3。用涂色法检查接触面积达每平方厘米一个斑点。
4. 箱盖与箱体联接后，打上定位销进行镗孔，镗孔时结合面处禁放任何衬垫。
5. 轴承孔轴线与部分面的位置度为0.05。
6. 两轴承孔轴线在水平面内的轴线平行度公差为0.025；两轴承孔轴线在垂直面内轴线平行度公差为0.012。
7. 机械加工未注公差按GB/T 1184—1996。
8. 未注铸造圆角半径R3～R5。
9. 加工后应清除污垢，内表面涂漆，不得漏油。
箱盖
比例
图号
材料
数量
设计
制图
审核
机械设计
课程设计

图 5-5 箱盖零件图

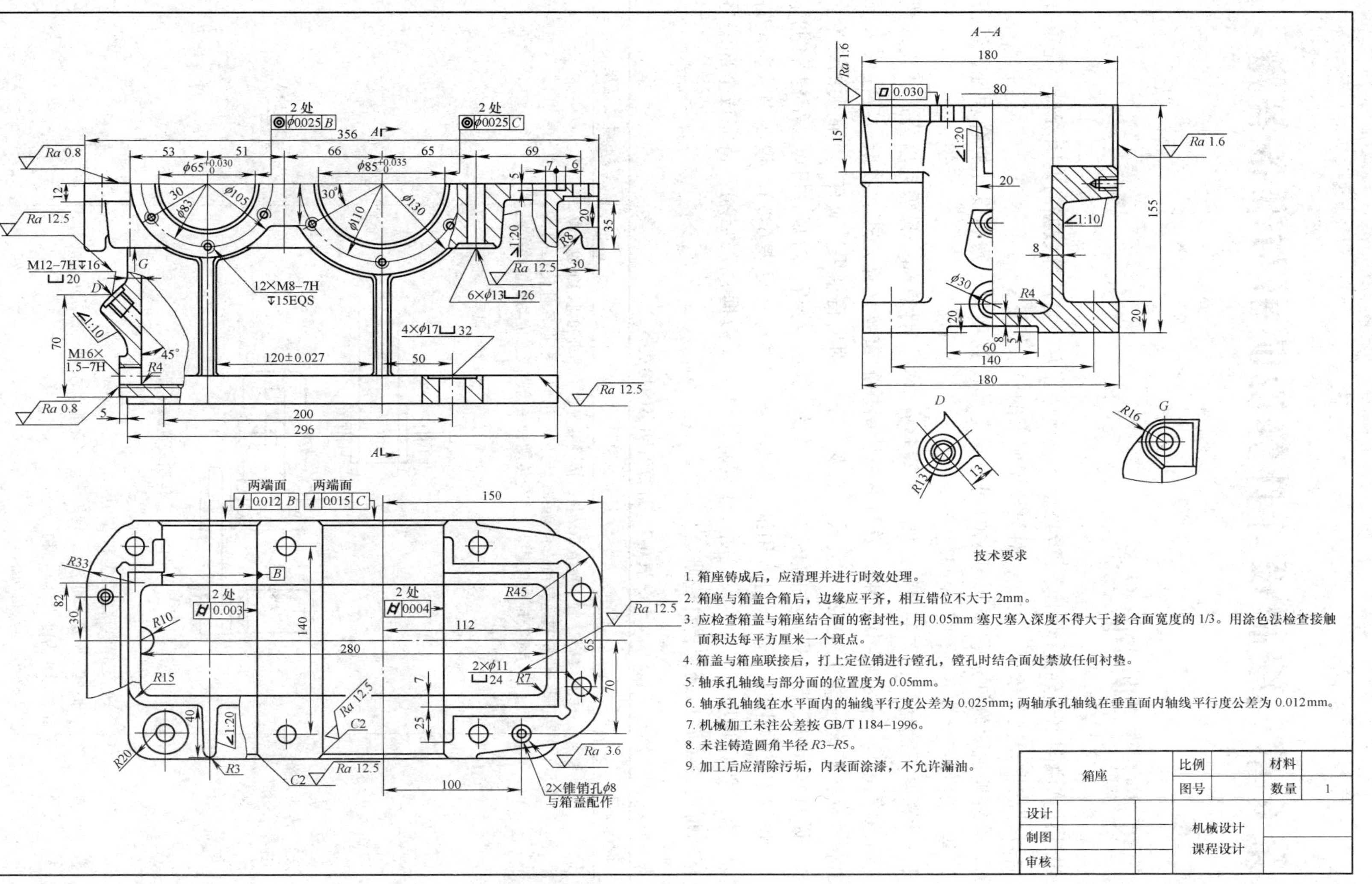
A—A
技术要求
1. 箱座铸成后，应清理并进行时效处理。
2. 箱座与箱盖合箱后，边缘应平齐，相互错位不大于 2mm。
3. 应检查箱盖与箱座结合面的密封性，用 0.05mm 塞尺塞入深度不得大于接合面宽度的 1/3。用涂色法检查接触面积达每平方厘米一个斑点。
4. 箱盖与箱座联接后，打上定位销进行镗孔，镗孔时结合面处禁放任何衬垫。
5. 轴承孔轴线与部分面的位置度为 0.05mm。
6. 轴承孔轴线在水平面内的轴线平行度公差为 0.025mm；两轴承孔轴线在垂直面内轴线平行度公差为 0.012mm。
7. 机械加工未注公差按 GB/T 1184—1996。
8. 未注铸造圆角半径 R3~R5。
9. 加工后应清除污垢，内表面涂漆，不允许漏油。
箱座
比例
图号
材料
数量
1
设计
制图
审核
机械设计
课程设计
2×锥销孔 φ8
与箱盖配作
12×M8-7H
↧15EQS
M16×1.5-7H
M12-7H↧16
120±0.027
两端面
2处

图 5-6　箱座零件图

第 6 章　编制设计计算说明书与准备答辩

6.1　设计计算说明书的要求

设计计算说明书主要是阐明设计者思想、设计计算方法与计算数据的说明资料，是审查设计合理性的重要技术依据。为此，对设计说明书的要求如下：

1）系统地说明设计过程中所考虑的问题及全部计算项目。阐明设计的合理性、经济性、拆装、润滑密封等方面的有关问题。

2）计算要正确完整、文字简洁通顺、书写整齐清晰。计算部分只需列出公式、代入数据，略去演算过程，直接得出结果。说明书中所引用的重要计算公式、数据，应注明来源（注出参考资料的统一编号、页次、公式号或表号等）。对所得结果，应有一个简要的结论。

3）说明书应包括与计算有关的必要简图（如轴的受力分析、弯矩、扭矩、结构等图）。

4）说明书必须用 16 开的设计专用纸，按统一格式书写（见表 6-1）。说明书从左至右各列内容依次为设计项目、计算及说明、主要计算结果（数据）（结论）。待完成全部编写后，标出页次，编好目录，装订成册。

表 6-1　计算说明书的格式

设计项目	计算及说明	主要结果
一、确定传动方案 二、选择电动机	机械传动装置一般由原动机、传动装置、工作机和机架组成。单级圆柱齿轮减速器由带传动和齿轮传动组成，根据各种传动的特点，带传动安排在高速级，齿轮传动放在低速级。传动装置的布置如图 ×-1 所示 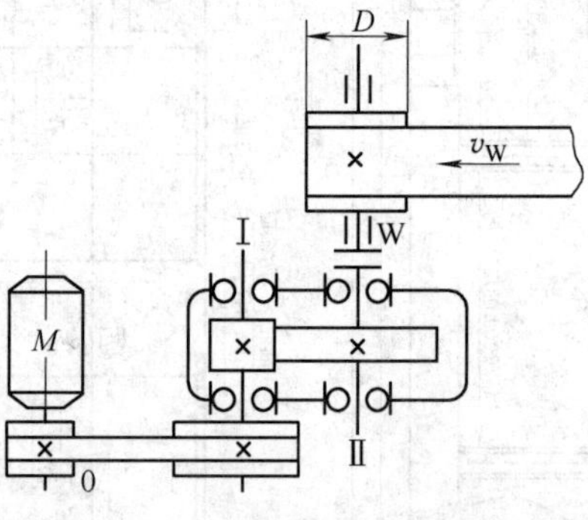 图 ×-1　传动装置的布置 1）选择电动机类型和结构形式 根据工作要求和条件，选用一般用途的 Y 系列三相异步电动机，结构形式为卧式封闭结构 2）确定电动机功率 工作机所需的功率 P_W(kW) 按下式计算	$P_W=3.83\text{kW}$

（续）

设计项目	计算及说明	主要结果
一、确定传动方案 二、选择电动机	$P_W = \dfrac{F_W v_W}{1000\eta_W}$ 取 $F_W = 2600\text{N}$，$v_W = 1.4\text{m/s}$，带式输送机的效率 $\eta_W = 0.95$，代入上式得 $P_W = \dfrac{2600 \times 1.4}{1000 \times 0.95} = 3.83$ 电动机所需功率 P'_d（kW）按下式计算 $P'_d = \dfrac{P_W}{\eta}$ 式中　η——电动机到滚筒工作轴传动装置总效率，根据传动特点，由表2-2查得：V带传动 $\eta_{带} = 0.96$，一对齿轮传动 $\eta_{齿轮} = 0.97$，一对滚动轴承 $\eta_{轴承} = 0.99$，弹性联轴器 $\eta_{联轴器} = 0.99$，因此总效率 $\eta = \eta_m = \eta_{带}\eta_{齿轮}\eta^2_{轴承}\eta_{联轴器}$，即 $\eta = \eta_{带}\eta_{齿轮}\eta^2_{轴承}\eta_{联轴器}$ $= 0.96 \times 0.97 \times 0.99^2 \times 0.99 = 0.904$ …… ……	$P_W = 3.83\text{kW}$

6.2　设计计算说明书内容与格式

设计计算说明书应包括如下内容，并建议按下列顺序编写：

1）目录（标题、页次）。

2）设计任务书（设计题目）。

3）前言（题目分析、传动方案拟订）。

4）运动学与动力学计算。

① 电动机的选择计算。

② 各级传动比的分配。

③ 计算各轴转速、功率及转矩，列成表格。

5）传动零件设计计算（确定带传动、齿轮与蜗杆传动及链传动的主要参数）。

6）轴的设计计算及校核（包括结构设计）。

7）轴承的选择与校核。

8）键及联轴器的选择与校核。

9）箱体的设计（主要结构尺寸的设计计算及必要的说明）。

10）润滑及密封的选择，润滑油牌号及容量的计算说明。

11）减速器附件及说明。

12）设计小结（简要说明设计的体会、分析设计的优缺点及改进的意见等）。

13）参考资料（资料的编号、资料名称、作者姓名、出版单位、出版日期）。

说明书的封面、封底内页示例，如图6-1所示。

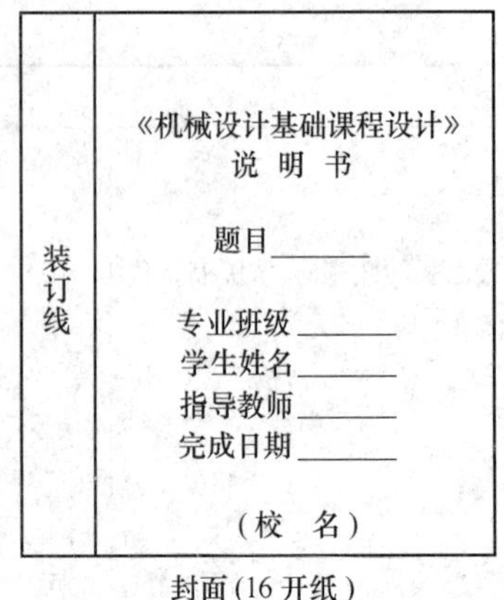

封面（16 开纸）

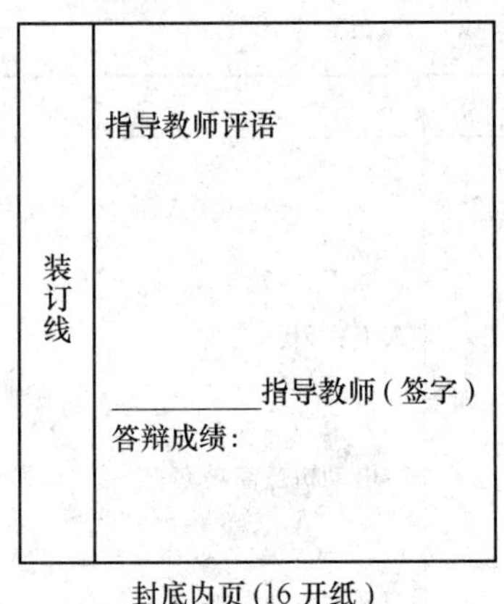

封底内页（16 开纸）

图 6-1 说明书封面和封底

6.3 准备答辩

答辩是课程设计的最后一个重要环节。通过答辩的准备和答辩，可以系统地分析所做设计的优缺点，发现问题，总结初步掌握的设计方法和步骤，提高独立工作的能力。也可以使教师更全面、深层次地检查学生掌握设计知识、设计成果的情况，也是评定设计成绩的重要依据。

完成设计后，主要围绕下列问题准备答辩：

1）机械设计的一般方法和步骤。

2）传动方案的确定。

3）电动机的选择和传动比的分配。

4）各零件的构造和用途。

5）各零件的受力分析。

6）选择材料和承载能力的计算。

7）主要参数尺寸和结构形状的确定。

8）工艺性和经济性。

9）各零部件间的相互关系。

10）资料、手册、标准和规范的应用。

11）选择公差、配合、技术要求。

12）减速器中各零件的装配、调整、维护和润滑的方法等。

通过系统、全面地总结和回顾，把还不懂、不大清楚、未考虑或考虑不周的问题进一步弄懂、弄清楚，以取得更大的收获，更好地达到课程设计提出的目的和要求。

答辩后应交的资料包括：设计计算说明书、折叠好的装配图和零件图。

图 6-2 所示为 1 号、0 号图纸的折叠方法，其他尺寸图纸的折叠方法依此类推。

下面列出一些答辩思考题供准备答辩时参考：

1）叙述对传动方案的分析理解。

2）简述电动机的功率是怎样确定的？

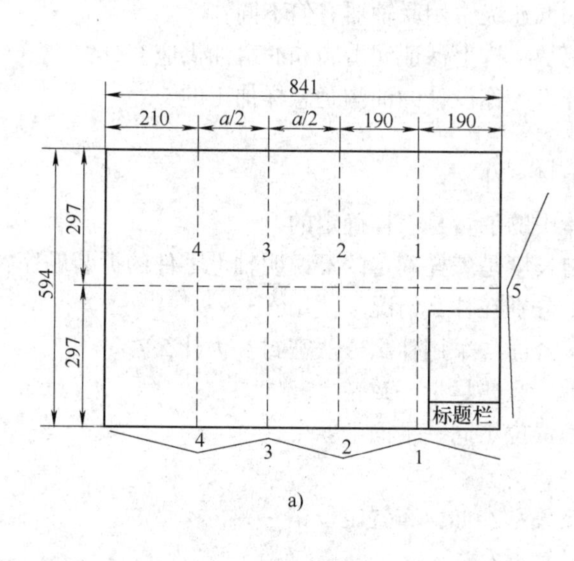

a)

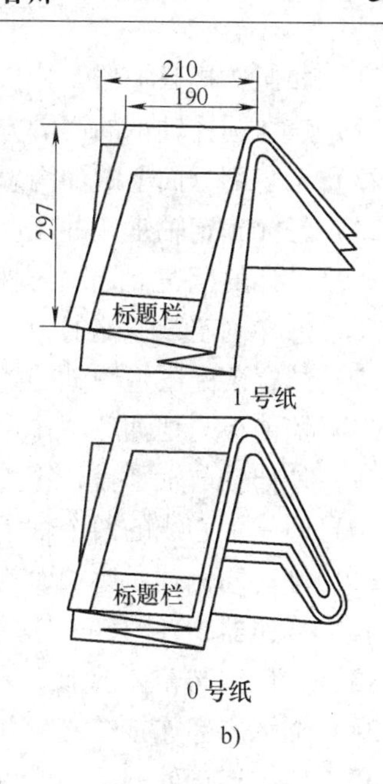

b)

图6-2　图纸的折叠方法

3）选择电动机的同步转速应考虑哪些因素？同步转速与满载转速有什么不同？设计计算时用哪个转速？

4）你在分配传动比时考虑了哪些因素？在带传动—单级齿轮传动系统中，为什么 $i_{齿} > i_{带}$？

5）在计算各轴功率时，通用减速器与专用减速器的计算方法有什么不同？

6）带传动设计计算中，怎样合理确定小带轮直径？带速 $v < 5\text{m/s}$ 怎么办？小带轮包角 $\alpha_1 < 120°$怎么办？

7）怎样确定斜齿轮及蜗轮蜗杆所受的轴向力方向？

8）简述齿轮传动的设计方法和步骤？

9）对于开式齿轮传动和闭式齿轮传动设计，其 z_1 的选择有什么不同？为什么？

10）一对啮合的齿轮，大、小齿轮为什么常用不同的材料和热处理方法？

11）由公式 $b = \phi_d \cdot d$ 求出的 b 值应为哪个齿轮的宽度？b_1 与 b_2 哪个数值大些？为什么？

12）斜齿轮传动有什么优点？螺旋角对传动有什么影响？

13）软齿面齿轮传动和硬齿面齿轮传动各有什么特点？

14）为什么蜗杆材料常用钢而蜗轮材料常用青铜？

15）初步估算出的轴径应根据什么原则圆整？

16）画出主动轴和从动轴的受力简图。

17）轮毂宽度与轴头长度是否相同？

18）外伸轴与轴承端盖间是否应该有间隙？

19）在滚动轴承组合设计中，你采用了哪些固定方式？为什么？

20）在圆柱齿轮、锥齿轮及蜗杆传动中，为了达到正确的装配位置（圆柱齿轮全齿宽接触、锥齿轮共顶点、蜗杆轴线位于蜗轮正交平面），你是如何从结构和尺寸上保证的？

21）如何选择联轴器？分析高速级和低速级常用联轴器有何不同？

22）怎样选择轴承的润滑方式？如何从结构上保证润滑脂和润滑油供应充分？

23）箱座剖分面上的油沟怎样正确开设？你设计的油沟是怎样加工的？

24）怎样确定轴承座的宽度？

25）设计的减速器选用何种润滑？牌号是什么？

26）怎样确定减速器的中心高？箱体中的油量是怎样确定的？

27）结合装配图说明轴的各段直径与长度是怎样确定的？说明轴上零件的拆装顺序？

28）挡油板与挡油环的作用是什么？分别在什么情况下使用？

29）外伸轴与轴承盖、箱盖与箱座接合面各采用什么方法密封？为什么？

30）同一轴心线的两个轴承座孔径为什么要尽量一致？

31）箱体同侧轴承座端面为什么要尽量位于同一平面上？

32）减速器中各附件的作用是什么？

33）定位销与箱体的加工装配有什么关系？如何布置定位销？

34）轴承座旁连接螺栓为什么要尽量靠近？

35）螺纹连接处的凸台或沉孔有什么用途？

36）普通螺栓连接和铰制孔螺栓连接各用在什么地方？画图时有什么不一样？

37）设计中为什么要严格执行国家标准、行业标准和本部门的规范？

38）箱体的刚性对减速器的工作性能有什么影响？你所设计的箱体如何考虑具有足够的刚性？轴承孔处的壁厚、肋和连接螺栓的凸台对刚性有什么影响？

39）齿轮在箱体内非对称布置时，为什么齿轮安放在远离输出轴端？

40）如何确定放油塞的位置？它为什么用细牙螺纹？

41）箱体各表面是如何进行切削加工的？什么条件下要求箱座和箱盖配成一体进行加工？

42）轴系各零件（包括轴承）如何定位和固定？

43）轴承内、外圈间的配合制是什么？为什么？

44）箱体接合面轴承座宽度的确定与哪些因素有关？如何确定？

45）装配图上应标注哪些尺寸？各主要零件间的配合如何选择？

46）如何检查齿侧间隙和接触斑点？如不合格应采取什么措施？

47）试述在轴的零件图中标注尺寸时应注意的问题。

48）在轴的零件图中，对轴的几何公差有哪些基本要求？

49）圆柱齿轮精度的检验项目常用的是哪几项？

50）在圆柱齿轮的零件图中，对圆柱齿轮几何公差有哪些基本要求？

51）设计中运用了哪些先修课程知识？

附　　录

附录 A　一 般 标 准

附表 A-1　图纸幅面、图样比例

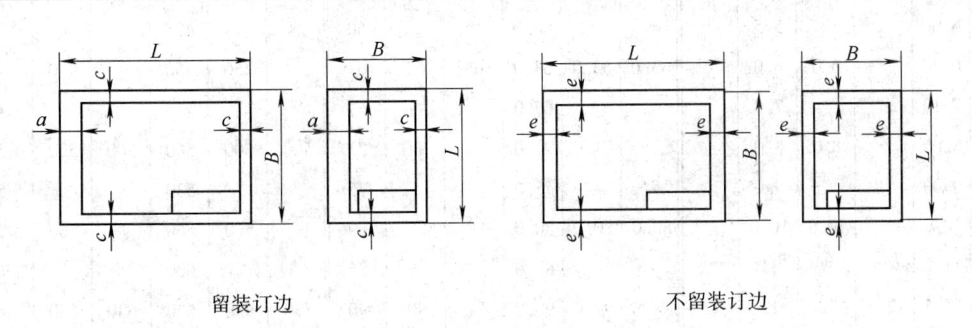

图纸幅面（GB/T 14689—2008 摘录）/mm							图样比例（GB/T 14690—1993 摘录）		
基本幅面（第一选择）					加长幅面（第二选择）		原值比例	缩小比例	放大比例
幅面代号	$B \times L$	a	c	e	幅面代号	$B \times L$	1:1	1:2　$1:2 \times 10^n$ 1:5　$1:5 \times 10^n$ 1:10　$1:1 \times 10^n$	5:1　$5 \times 10^n:1$ 2:1　$2 \times 10^n:1$ $1 \times 10^n:1$
A0	841×1189	25	10	20	A3×3	420×891			
A1	594×841				A3×4	420×1189			
A2	420×594			10	A4×3	297×630		必要时允许选取 1:1.5　$1:1.5 \times 10^n$ 1:2.5　$1:2.5 \times 10^n$ 1:3　$1:3 \times 10^n$ 1:4　$1:4 \times 10^n$ 1:6　$1:6 \times 10^n$	必要时允许选取 4:1　$4 \times 10^n:1$ 2.5:1　$2.5 \times 10^n:1$
A3	297×420		5		A4×4	297×841			
A4	210×297				A×5	297×1051			

注：1. 加长幅面的图框尺寸，按比所选用的基本幅面大一号的图框尺寸确定。例如对 A3×4，按 A2 的图框尺寸确定，即 e 为 10（或 c 为 10）。

2. 加长幅面（第三选择）的尺寸见 GB/T 14689—2008。

3. 表中 n 为正整数。

附表 A-2　标准尺寸（直径、长度、高度等）（摘自 GB/T 2822—2005）　（单位：mm）

R			R′			R			R′			R			R′		
R10	R20	R40	R′10	R′20	R′40	R10	R20	R40	R′10	R′20	R′40	R10	R20	R40	R′10	R′20	R′40
2.50	2.50		2.5	2.5		40.0	40.0	40.0	40	40	40		280	280		280	280
	2.80			2.8				42.5			42			300			300
3.15	3.15		3.0	3.0			45.0	45.0		45	45	315	315	315	320	320	320
	3.55			3.5				47.5			48			335			340
4.00	4.00		4.0	4.0		50.0	50.0	50.0	50	50	50		355	355		360	360
	4.50			4.5				53.0			53			375			380
5.00	5.00		5.0	5.0			56.0	56.0		56	56	400	400	400	400	400	400
	5.60			5.5				60.0			60			425			420
6.30	6.30		6.0	6.0		63.0	63.0	63.0	63	63	63		450	450		450	450
	7.10			7.0				67.0			67			475			480
8.00	8.00		8.0	8.0			71.0	71.0		71	71	500	500	500	500	500	500
	9.00			9.0				75.0			75			530			530
10.0	10.0		10.0	10.0		80.0	80.0	80.0	80	80	80		560	560		560	560
	11.2			11				85.0			85			600			600
12.5	12.5	12.5	12	12	12		90.0	90.0		90	90	630	630	630	630	630	630
		13.2			13			95.0			95			670			670
	14.0	14.0		14	14	100	100	100	100	100	100		710	710		710	710
		15.0			15			106			105			750			750
16.0	16.0	16.0	16	16	16		112	112		110	110	800	800	800	800	800	800
		17.0			17			118			120			850			850
	18.0	18.0		18	18	125	125	125	125	125	125		900	900		900	900
		19.0			19			132			130			950			950
20.0	20.0	20.0	20	20	20		140	140		140	140	1000	1000	1000	1000	1000	1000
		21.2			21			150			50			1060			
	22.4	22.4		22	22	160	160	160	160	160	160		1120	1120			
		23.6			24			170			170			1180			
25.0	25.0	25.0	25	25	25		180	180		180	180	1250	1250	1250			
		26.5			26			190			190			1320			
	28.0	28.0		28	28	200	200	200	200	200	200		1400	1400			
		30.0			30			212			210			1500			
31.5	31.5	31.5	32	32	32		224	224		220	220	1600	1600	1600			
		33.5			34			236			240			1700			
	35.5	35.5		36	36	250	250	250	250	250	250		1800	1800			
		37.5			38			265			260			1900			

注：1. 选择标准尺寸系列及单个尺寸时，应首先在优先数系 R 系列中选用标准尺寸，选用顺序为 R10、R20、R40。如果必须将数值圆整，可在相应的 R′系列中选用标准尺寸。

2. 本标准适用于机械制造业中有互换性或系列化要求的主要尺寸，其他结构尺寸也应精良采用。对于由主要尺寸导出的因变量尺寸和工艺上工序间的尺寸，不受本标准限制。对已有专用标准规定的尺寸，可按专用标准选用。

附表 A-3 中心孔表示法（摘自 GB/T 4459.5—1999，GB/T 145—2001）

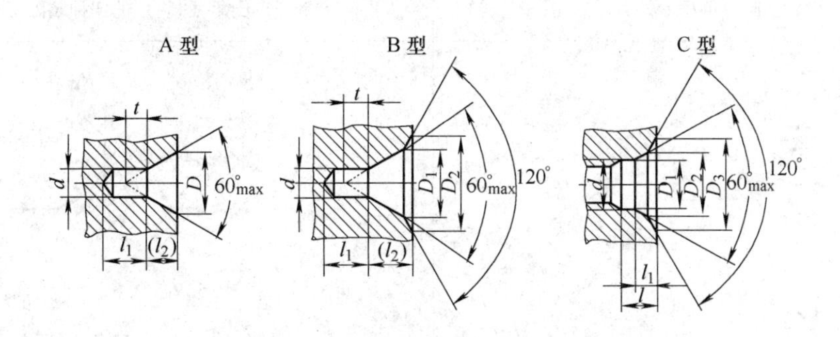

要 求	符 号	表示法示例	说 明
在完工的零件上要求保留中心孔		GB/T 4459.5–B 2.5/8	采用 B 型中心孔 $d=2.5$mm，$D_2=8$mm 在完工的零件上要求保留
在完工的零件上可以保留中心孔		GB/T 4459.5–A 4/8.5	采用 A 型中心孔 $d=4$mm，$D=8.5$mm 在完工的零件上是否保留都可以
在完工的零件上不允许保留中心孔		GB/T 4459.5–A 1.6/3.35	采用 A 型中心孔 $d=1.6$mm，$D=3.35$mm 在完工的零件上不允许保留

附表 A-4 中心孔的有关尺寸（摘自 GB/T 145—2001） （单位：mm）

d	型 式						选择中心孔的参考数据（非标准内容）		
	A		B		C		D_{min}	D_{max}	$G/(10^3$kg)
	D ☆	l_2 ☆	D_2 ★	l_2 ★	d	D_1			
1.6	3.35	1.52	5.0	1.99			6	>8 ~ 10	0.1
2.0	4.25	1.95	6.3	2.54			8	>10 ~ 18	0.12
2.5	5.3	2.42	8.0	3.20			10	>18 ~ 30	0.2
3.15	6.7	3.07	10.0	4.03	M3	5.8	12	>30 ~ 50	0.5
4.0	8.5	3.90	12.5	5.05	M4	7.4	15	>50 ~ 80	0.8
(5.0)	10.6	4.85	16.0	6.41	M5	8.8	20	>80 ~ 120	1.0
6.3	13.2	5.98	18.0	7.36	M6	10.5	25	>120 ~ 180	1.5
(8.0)	17.0	7.79	22.4	9.36	M8	13.2	30	>180 ~ 220	2.0
10.0	21.2	9.70	28.0	11.66	M10	16.3	42	>220 ~ 260	3.0

注：括号内的尺寸尽量不要采用。D_{min} 为原料端部最小直径；D_{max} 为轴状材料最大直径；G 为工件最大质量（表中字母的含义见附表 A-3 图中所示）。☆任选其一；★任选其一。

附表 A-5　零件倒圆与倒角（摘自 GB/T 6403.4—2008）　　（单位：mm）

倒圆、倒角形式	倒圆、倒角（45°）的四种装配形式
R；R；C α；C α	$C_1>R$；$R_1>R$；$C<0.58R_1$；$C_1>C$

倒圆、倒角尺寸

R 或 C													
R 或 C	0.1	0.2	0.3	0.4	0.5	0.6	0.8	1.0	1.2	1.6	2.0	2.5	3.0
	4.0	5.0	6.0	8.0	10	12	16	20	25	32	40	50	—

与直径 Φ 相应的倒角 C、倒圆 R 的推荐值

Φ	~3	>3 ~6	>6 ~10	>10 ~18	>18 ~30	>30 ~50	>50 ~80	>80 ~120	>120 ~180	>180 ~250	>250 ~320	>320 ~400	>400 ~500	>500 ~630	>630 ~800	>800 ~1000
C 或 R	0.2	0.4	0.6	0.8	1.0	1.6	2.0	2.5	3.0	4.0	5.0	6.0	8.0	10	12	16

内角倒角，外角倒圆时 C_{max} 与 R_1 的关系

R_1	0.1	0.2	0.3	0.4	0.5	0.6	0.8	1.0	1.2	1.6	2.0	2.5	3.0	4.0	5.0	6.0	8.0	10	12	16	20	25
C_{max}（$C<0.58R_1$）	—	0.1		0.2		0.3	0.4	0.5	0.6	0.8	1.0	1.2	1.6	2.0	2.5	3.0	4.0	5.0	6.0	8.0	10	12

注：α 一般采用 45°，也可采用 30°或 60°。

附表 A-6　圆形零件自由表面过渡圆角（参考）　　（单位：mm）

R；D；d	D - d	2	5	8	10	15	20	25	30	35	40
	R	1	2	3	4	5	8	10	12	12	16
	D - d	50	55	65	70	90	100	130	140	170	180
	R	16	20	20	25	25	30	30	40	40	50

注：尺寸 D - d 是表中数值的中间值时，则按较小尺寸来选取 R。例：D - d = 98mm，则按 90mm 选 R = 25mm。

附表 A-7 圆柱形轴伸（摘自 GB/T 1569 — 2005） （单位：mm）

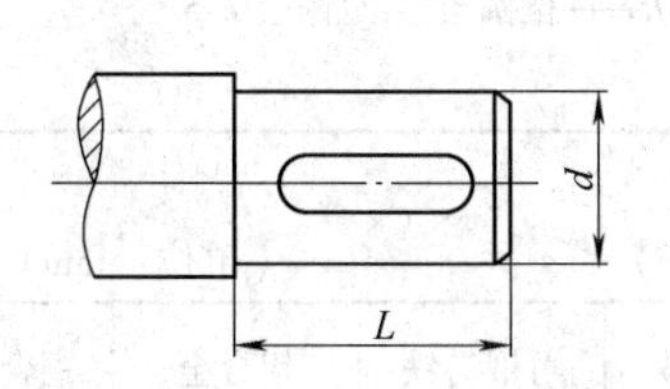

d	L 长系列	L 短系列
12，14	30	25
16，18，19	40	28
20，22，24	50	36
25，28	60	42
30，32，35，38	80	58
40，42，45，48，50，55，56	110	82
60，63，65，70，71，75	140	105
80，85，90，95	170	130
100，110，120，125	210	165
130，140，150	250	200
160，170，180	300	240
190，200，220	350	280
400，420，440，450，460，480，500	650	540
530，560，600，630	800	680

d 的极限偏差

d	6 ~ 30	32 ~ 50	55 ~ 630
极限偏差	j6	k6	m6

附表 A-8 机器轴高（摘自 GB/T 12217 — 2005） （单位：mm）

系列	轴高的公称尺寸 *h*
Ⅰ	25，40，63，100，160，250，400，630，1000，1600
Ⅱ	25，32，40，50，63，80，100，125，160，200，250，315，400，500，630，800，1000，1250，1600
Ⅲ	25，28，32，36，40，45，50，56，63，71，80，90，100，112，125，140，160，180，200，225，250，280，315，355，400，450，500，560，630，710，800，900，1000，1120，1250，1400，1600
Ⅳ	25，26，28，30，32，34，36，38，40，42，45，48，50，53，56，60，63，67，71，75，80，90，95，100，105，112，118，125，132，140，150，160，170，180，190，200，212，225，236，250，265，280，300，315，335，355，375，400，425，450，475，500，530，560，600，630，670，710，750，800，850，900，950，1000，1060，1120，1180，1250，1320，1400，1500，1600

轴高 *h*	轴高的极限偏差		平行度误差		
	电动机、从动机器减速器	除电动机以外的主动机器	$L<2.5h$	$2.5h \leqslant L \leqslant 4h$	$L>4h$
>50 ~ 250	0 −0.5	+0.5 0	0.25	0.4	0.5
>250 ~ 630	0 −1.0	+1.0 0	0.5	0.75	1.0
>630 ~ 1000	0 −1.5	+1.5 0	0.75	1.0	1.5
>1000	0 −2.0	+2.0 0	1.0	1.5	2.0

注：1. 机器轴高应优先选用第Ⅰ系列数值，如不能满足需要时，可选用第Ⅱ系列数值，其次选用第Ⅲ系列数值，尽量不采用第Ⅳ系列数值。

2. *h* 不包括安装所用的垫片，*L* 为轴的全长。

附表 A-9　轴肩和轴环尺寸（参考）　　（单位：mm）

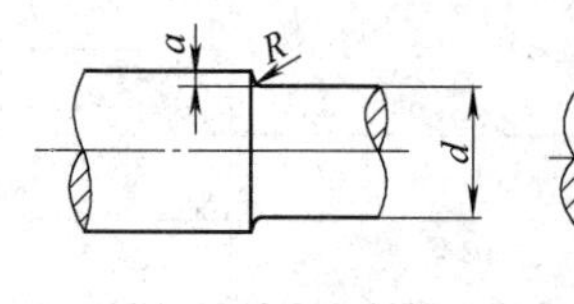

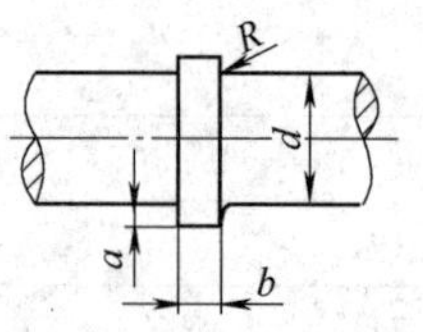

$a=(0.07\sim0.1)d$
$b\approx1.4a$
定位用 $a>R$
R——倒圆半径，见附表 A-5

附表 A-10　轴肩最小壁厚（不小于）　　（单位：mm）

铸造方法	铸件尺寸	铸钢	灰铸铁	球墨铸铁	可锻铸铁	铝合金	铜合金
砂型	~200×200	8	~6	6	5	3	3~5
	>200×200~500×500	10~12	>6~10	12	8	4	6~8
	>500×500	15~20	15~20			6	

附表 A-11　铸造斜度（摘自 JB/ZQ 4257—2006）

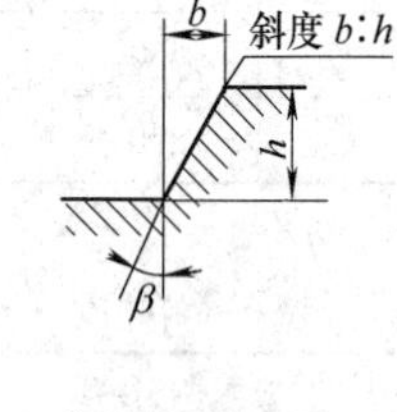

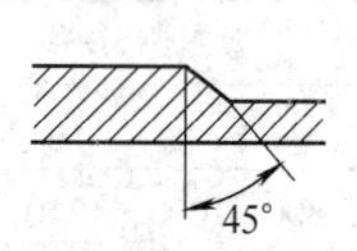

斜度 $b:h$	角度 β	使用范围
1∶5	11°30′	$h<25$mm 的钢和铁铸件
1∶10	5°30′	h 在 25~500mm 时的钢和铁铸件
1∶20	3°	
1∶50	1°	$h>500$mm 时的钢和铁铸件
1∶100	30′	有色金属铸件

注：当设计不同壁厚的铸件时，在转折点处的斜角最大，还可增大到 30°~45°。

附表 A-12　铸造过渡斜度（摘自 JB/ZQ 4254—2006）　　（单位：mm）

适用于减速器、连接管、气缸及其他连接法兰

铸铁和铸钢件的壁厚 δ	K	h	R
10~15	3	15	5
>15~20	4	20	5
>20~25	5	25	5
>25~30	6	30	8
>30~35	7	35	8
>35~40	8	40	10
>40~45	9	45	10
>45~50	10	50	10

附表 A-13　铸造外圆角（摘自 JB/ZQ 4256 — 2006）　（单位：mm）

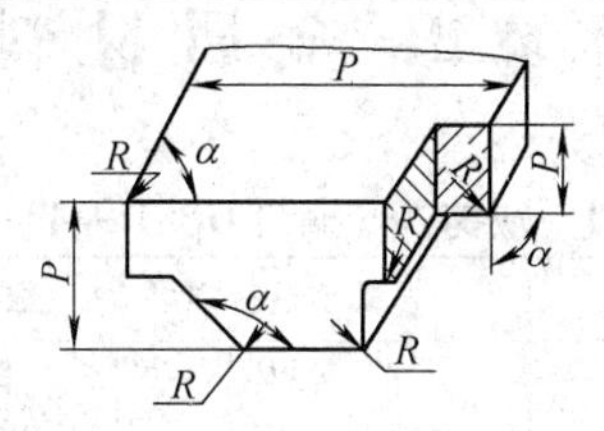

表面的最小边尺寸 P	R					
	外圆角 α					
	<50°	51°~75°	76°~105°	106°~135°	136°~165°	>165°
≤25	2	2	2	4	6	8
>25~60	2	4	4	6	10	16
>60~160	4	4	6	8	16	25
>160~250	4	6	8	12	20	30
>150~400	6	8	10	16	25	40
>400~600	6	8	12	20	30	50

附表 A-14　铸造内圆角（摘自 JB/ZQ 4255 — 2006）　（单位：mm）

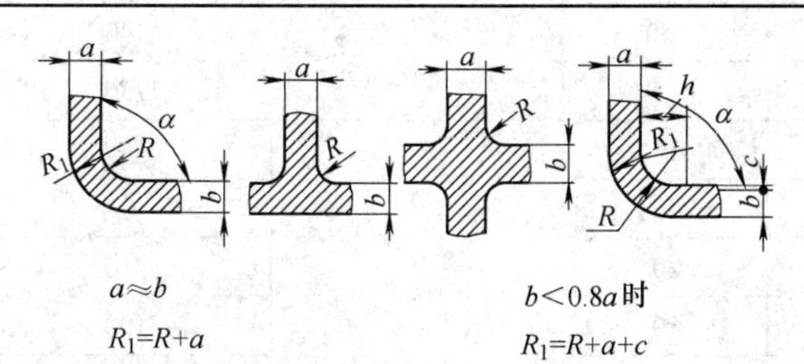

$a \approx b$
$R_1 = R + a$

$b < 0.8a$ 时
$R_1 = R + a + c$

$\frac{a+b}{2}$	R											
	外圆角 α											
	<50°		51°~75°		76°~105°		106°~135°		136°~165°		>165°	
	钢	铁	钢	铁	钢	铁	钢	铁	钢	铁	钢	铁
≤8	4	4	4	4	6	4	8	6	16	10	20	16
9~12	4	4	4	4	6	6	10	8	16	12	25	20
13~16	4	4	6	4	8	6	12	10	20	16	30	25
17~20	6	6	8	6	10	8	16	12	25	20	40	30
21~27	6	6	10	8	12	10	20	16	30	25	50	40

c 和 h					
b/a		<0.4	0.5~0.65	0.66~0.8	>0.8
$c \approx$		$0.7(a-b)$	$0.8(a-b)$	$a-b$	—
$h \approx$	钢	$8c$			
	铁	$9c$			

附录B　金属材料

附表 B-1　灰铸铁（摘自 GB/T 9439—2010）

牌号	铸件壁厚/mm		最小抗拉强度 R_m（强制性值）		铸件本体预期抗拉强度 R_m(min)/MPa
	>	≤	单铸试棒(min)/MPa	附铸试棒或试块(min)/MPa	
HT100	5	40	100	—	—
HT150	5	10	150	—	155
	10	20		—	130
	20	40		120	110
	40	80		110	95
	80	150		100	80
	150	300		*90*	—
HT200	5	10	200	—	205
	10	20		—	180
	20	40		170	155
	40	80		150	130
	80	150		140	115
	150	300		*130*	—
HT250	5	10	250	—	250
	10	20		—	225
	20	40		210	195
	40	80		190	170
	80	150		170	155
	150	300		*160*	—
HT300	10	20	300	—	270
	20	40		250	240
	40	80		220	210
	80	150		210	195
	150	300		*190*	—
HT350	10	20	350	—	315
	20	40		290	280
	40	80		260	250
	80	150		230	225
	150	300		*210*	—

注：1. 当铸件壁厚超过300mm时，其力学性能由供需双方商定。

2. 当某牌号的铁液浇注壁厚均匀、形状简单的铸件时，壁厚变化引起抗拉强度的变化，可从本表查出参考数据，当铸件壁厚不均匀，或有型芯时，此表只能给出不同壁厚处大致的抗拉强度值，铸件的设计应根据关键部位的实测值进行。

3. 表中斜体字数值表示指导值，其余抗拉强度值均为强制性值，铸件本体预期抗拉强度值不作为强制性值。

附表 B-2　球墨铸铁（摘自 GB/T 1348—2009）

材料牌号	抗拉强度 R_m/MPa(min)	屈服强度 $R_{p0.2}$/MPa(min)	伸长率 A(%)(min)	布氏硬度 HBW	主要基体组织
QT400-18L	400	240	18	120～175	铁素体
QT400-18R	400	250	18	120～175	铁素体
QT400-18	400	250	18	120～175	铁素体
QT400-15	400	250	15	120～180	铁素体
QT450-10	450	310	10	160～210	铁素体
QT500-7	500	320	7	170～230	铁素体＋珠光体
QT550-5	550	350	5	180～250	铁素体＋珠光体
QT600-3	600	370	3	190～270	珠光体＋铁素体
QT700-2	700	420	2	225～305	珠光体
QT800-2	800	480	2	245～335	珠光体或索氏体
QT900-2	900	600	2	280～360	回火马氏体或屈氏体＋索氏体

注：1. 字母“L”表示该牌号有低温（－20℃或－40℃）下的冲击性能要求；字母“R”表示该牌号有室温（23℃）下的冲击性能要求。

2. 伸长率是从原始标距 $L_0 = 5d$ 上测得的，d 是试样上原始标距处的直径。

附表 B-3　一般工程用铸造碳钢（摘自 GB/T 11352—2009）

牌号	屈服强度 R_{eH} ($R_{p0.2}$)/MPa	抗拉强度 R_m/MPa	伸长率 A_5(%)	根据合同选择		
				断面收缩率 Z(%)	冲击吸收功 A_{KV}/J	冲击吸收功 A_{KU}/J
ZG 200-400	200	400	25	40	30	47
ZG 230-450	230	450	22	32	25	35
ZG 270-500	270	500	18	25	22	27
ZG 310-570	310	570	15	21	15	24
ZG 340-640	340	640	10	18	10	16

注：1. 表中所列的各牌号性能，适应于厚度为 100mm 以下的铸件。当铸件厚度超过 100mm 时，表中规定的 R_{eH}（$R_{p0.2}$）屈服强度仅供设计使用。

2. 表中冲击吸收功 A_{KU} 的试样缺口为 2mm。

附表 B-4　普通碳素结构钢（摘自 GB/T 700—2006）

牌号	等级	屈服强度 R_{eH}/MPa，不小于						抗拉强度 R_m/(N/mm²)	断后伸长率 A(%)，不小于					冲击试验(V形缺口)	
		厚度(或直径)/mm							厚度(或直径)/mm					温度/℃	冲击吸收功(纵向)/J，不小于
		≤16	>16～40	>40～60	>60～100	>100～150	>150～200		≤40	>40～60	>60～100	>100～150	>150～200		
Q195	—	195	185	—	—	—	—	315～430	33	—	—	—	—	—	—
Q215	A	215	205	195	185	175	165	335～450	31	30	29	27	26	—	—
	B													+20	27
Q235	A	235	225	215	215	195	185	370～500	26	25	24	22	21	—	—
	B													+20	27
	C													0	
	D													－20	
Q275	A	275	265	255	245	225	215	410～540	90	21	20	18	17	—	—
	B													+20	27
	C													0	
	D													－20	

附表 B-5　优质碳素结构钢(摘自 GB/T 699—1999)

牌号	推荐热处理/℃			试件毛坯尺寸/mm	力学性能					钢材交货状态硬度 HBW		应用举例
					抗拉强度 R_m	屈服强度 R_{eH}	延伸率 A	收缩率 Z	冲击功 A_{KU}			
	正火	淬火	回火		/MPa		(%)		/J	未热处理	退火钢	
					不小于	不小于	不小于	不大于				
08F	930			25	295	175	35	60		131		垫片、垫圈、管子、摩擦片等
10	930			25	335	205	31	55		137		拉杆、卡头、垫片、垫圈等
20	910			25	410	245	25	55		156		杠杆、轴套、螺钉、吊钩等
25	900	870	600	25	450	275	23	50	71	170		轴、辊子、联轴器、垫圈、螺栓等
35	870	850	600	25	530	315	20	45	55	197		连杆、圆盘、轴销、轴等
40	860	840	600	25	570	335	19	45	47	217	187	齿轮、链轮、轴、键、销、轧辊、曲柄销、活塞杆、圆盘等
45	850	840	600	25	600	355	16	40	39	229	197	
50	830	830	600	25	630	375	14	40	31	241	207	齿轮、轧辊、轴、圆盘等
60	810			25	675	400	12	35		255	229	轧辊、弹簧、凸轮、轴等
20Mn	910			25	450	275	24	50		197		凸轮、齿轮、联轴器、铰链等
30Mn	880	860	600	25	540	315	20	45	63	217	187	螺栓、螺母、杠杆、制动踏板等
40Mn	860	840	600	25	590	355	17	45	47	229	207	轴、曲轴、连杆、螺栓、螺母等
50Mn	830	830	600	25	645	390	13	40	31	255	217	齿轮、轴、凸轮、摩擦盘等
65Mn	810			25	735	430	9	30		285	229	弹簧、弹簧垫圈等

注：热处理推荐保温时间为正火不小于 30 min，空冷；淬火不小于 30 min，水冷；回火不小于 1h。

附表 B-6　合金结构钢（摘自 GB/T 3077—1999）

牌号	热处理类型	截面尺寸/mm	机械性能 抗拉强度 R_m/MPa	屈服强度 R_{eH}/MPa	延伸率 A（%）	收缩率 Z（%）	冲击功 A_{KU}/J	供货状态硬度 HBW	应用举例
			最小值						
20Mn2	淬火回火	15	785	590	10	40	47	187	渗碳小齿轮、小轴、链板等
35SiMn	淬火、回火	25	885	735	15	45	47	229	韧性高、可代替 40Cr，用于轴、轮、紧固件等
	调质	≤100	785	510	15	45	47	229～286	
		>101～300	735	440	14	35	39	217～265	
		>301～400	685	390	13	30	35	215～255	
40Cr	淬火、回火	25	980	785	9	45	47	207	齿轮、轴、曲轴、连杆、螺栓等，用途很广
	调质	≤100	735	540	15	45	39	241～286	
		>101～300	685	490	14	45	31	241～286	
		>301～500	635	440	10	35	23	229～269	
20Cr	淬火回火	15	835	540	10	40	47	179	重要的渗碳零件、齿轮轴、蜗杆、凸轮等
38CrMoAl	淬火回火	30	980	835	14	50	71	229	主轴、镗杆、蜗杆、滚子、检验规、气缸套等
20CrMnTi	淬火回火	15	1080	835	10	45	55	217	中载和重载的齿轮轴、齿圈、滑动轴承支撑的主轴、蜗杆等，用途很广
	渗碳								

注：表中各牌号钢截面尺寸为 15mm、25mm 和 30mm 时的力学性能数据摘自 GB/T 3077—1999，其他截面尺寸的力学性能数据供参考。

附表 B-7　铸造铜合金、铸造铝合金和铸造轴承合金（摘自 GB 1176—1987）

合金牌号	合金名称（或代号）	铸造方法	合金状态	力学性能（不低于） 抗拉强度 R_m /MPa	屈服强度 R_{eH} /MPa	延伸率 A（%）	硬度 HBW	应用举例
				铸造铜合金（摘自 GB 1176—1987）				
ZCuSn5Pb5Zn5	5-5-5 锡青铜	S、J		200	90	13	590*	较高负荷、中速下工作的耐磨耐蚀件，如轴瓦、衬套、缸套及蜗轮等
		Li、La		250	100*		635*	
ZCuSn10P1	10-1 锡青铜	S		220	130	3	785*	高负荷（20MPa 以下）和高滑动速度（8m/s）下工作的耐磨件，如连杆、衬套、轴瓦、蜗轮等
		J		310	170	2	885*	
		Li		330	170	4	885*	
		La		360	170	6	885*	
ZCuSn10Pb5	10-5 锡青铜	S		195		10	685	耐蚀、耐酸件及破碎机衬套、轴瓦等
		J		245				
ZCuPb17Sn4Zn4	17-4-4 铅青铜	S		150		5	540	一般耐磨件、轴承等
		J		175		7	590	

（续）

合金牌号	合金名称（或代号）	铸造方法	合金状态	力学性能（不低于） 抗拉强度 R_m /MPa	屈服强度 R_{eH} /MPa	延伸率 A (%)	硬度 HBW	应用举例
铸造铜合金（摘自 GB 1176—1987）								
ZCuAl10Fe3	10-3 铝青铜	S		490	180	13	980*	要求强度高、耐磨、耐蚀的零件，如轴套、螺母、蜗轮、齿轮等
		J		540	200	15	1 080*	
		Li、La		540	200	15	1 080*	
ZCuAl10Fe3Mn2	10-3-2 铝青铜	S		490		15	1 080	
		J		540		20	1 175	
ZCuZn38	38 黄铜	S		295		30	590	一般结构件和耐蚀件，如法兰、阀座、螺母等
		J					685	
ZCuZn40Pb2	40-2 铅黄铜	S		220	120	15	785*	一般用途的耐磨、耐蚀件，如轴套、齿轮等
		J		280		20	885*	
ZCuZn38Mn2Pb2	38-2-2 锰黄铜	S		245		10	685	一般用途的结构件，如套筒、衬套、轴瓦、滑块等
		J		345		18	785	
ZCuZn16Si4	16-4 硅黄铜	S		345		15	885	接触海水工作的管配件以及水泵、叶轮等
		J		390		20	980	
铸造铝合金（摘自 GB/T 1173—1995）								
ZAlSi12	ZL102 铝硅合金	SB、JB RB、KB	F T2	145 135		4	50	气缸活塞以及高温工作的承受冲击载荷的复杂薄壁零件
		J	F	155		2		
			T2	145		3		
ZAlSi9Mg	ZL104 铝硅合金	S、J、R、K	F	145		2	50	形状复杂的高温静载荷或受冲击作用的大型零件，如扇风机叶片、水冷气缸头
		J	T1	195		1.5	65	
		SB、RB、KB	T6	225		2	70	
		J、JB	T6	235		2	70	
ZAlMg5Si1	ZL303 铝镁合金	S、J	F	145		1	55	高耐蚀性或在高温度下工作的零件
		R、K						
ZAlZn11Si7	ZL401 铝锌合金	S、R、K	T1	195		2	80	铸造性能较好，可不热处理，用于形状复杂的大型薄壁零件，耐蚀性差
		J		245		1.5	90	
铸造轴承合金（摘自 GB/T 1174—1992）								
ZSnSb12Pb10Gu4	锡基轴承合金	J					29	汽轮机、压缩机、机车、发电机、球磨机、轧机减速器、发动机等各种机器的滑动轴承衬
ZSnSb11Cu6		J					27	
ZSnSb8Cu4		J					24	
ZPbSb16Sn16Cu2	铅基轴承合金	J					30	
ZPbSb15Sn10		J					24	
ZPbSb15Sn5		J					20	

注：1. 铸造方法代号：S—砂型铸造；J—金属型铸造；Li—离心铸造；La—连续铸造；R—熔模铸造；K—壳型铸造；B—变质处理。

2. 合金状态代号：F—铸态；T1—人工时效；T2—退火；T6—固溶处理加人工完全时效。

3. 铸造铜合金的布氏硬度试验力的单位为 N，有 * 者为参考值。

附录 C　公差与配合

附表 C-1　公称尺寸至 3150mm 的标准公差数值（摘自 GB/T 1800.1—2009）　（单位：μm）

公称尺寸/mm	标准公差等级																	
	IT1	IT2	IT3	IT4	IT5	IT6	IT7	IT8	IT9	IT10	IT11	IT12	IT13	IT14	IT15	IT16	IT17	IT18
≤3	0.8	1.2	2	3	4	6	10	14	25	40	60	100	140	250	400	600	1000	1400
>3~6	1	1.5	2.5	4	5	8	12	18	30	48	75	120	180	300	480	750	1200	1800
>6~10	1	1.5	2.5	4	6	9	15	22	36	58	90	150	220	360	580	900	1500	2200
>10~18	1.2	2	3	5	8	11	18	27	43	70	110	180	270	430	700	1100	1800	2700
>18~30	1.5	2.5	4	6	9	13	21	33	52	84	130	210	330	520	840	1300	2100	3300
>30~50	1.5	2.5	4	7	11	16	25	39	62	100	160	250	390	620	1000	1600	2500	3900
>50~80	2	3	5	8	13	19	30	46	74	120	190	300	460	740	1200	1900	3000	4600
>80~120	2.5	4	6	10	15	22	35	54	87	140	220	350	540	870	1400	2200	3500	5400
>120~180	3.5	5	8	12	18	25	40	63	100	160	250	400	630	1000	1600	2500	4000	6300
>180~250	4.5	7	10	14	20	29	46	72	115	185	290	460	720	1150	1850	2900	4600	7200
>250~315	6	8	12	16	23	32	52	81	130	210	320	520	810	1300	2100	3200	5200	8100
>315~400	7	9	13	18	25	36	57	89	140	230	360	570	890	1400	2300	3600	5700	8900
>400~500	8	10	15	20	27	40	63	97	155	250	400	630	970	1550	2500	4000	6300	9700
>500~630	9	11	16	22	30	44	70	110	175	280	440	700	1100	1750	2800	4400	7000	11000
>630~800	10	13	18	25	35	50	80	125	200	320	500	800	1250	2000	3200	5000	8000	12500

注：1. 公称尺寸大于 500mm 的 IT1 至 IT5 的数值为试行的。
2. 公称尺寸小于或等于 1mm 时，无 IT14 至 IT18。

附表 C-2　轴的各种基本偏差的应用

配合种类	基本偏差	配合特性及应用
间隙配合	a、b	可得到特别大的间隙，很少应用
	c	可得到很大的间隙，一般适用于缓慢、松弛的间隙配合。用于工作条件较差（如农业机械）、受力变形，或为了便于装配，而必须保证有较大的间隙。推荐配合为 H11/c11，其较高级的配合，如 H8/c7 适用于在高温工作的紧密间隙配合，例如煤染剂排气阀和导管
	d	一般用于 IT7~IT11 级，适用于较松的转动配合，如密封盖、滑轮，空转带轮等与轴的配合，也适用于大直径滑动轴承配合，如气轮机、球磨机、轧辊成形和中心弯曲机及其他重型机械中的一些滑动轴承
	e	多用于 IT7~IT9 级，通常适用于要求有明显间隙，易于转动的支承配合，如大跨距，多支点支承等。高等级的 e 轴适用于大型、高速、重载支承配合，如涡轮发电机、大型电动机、内燃机、凸轮轴及摇臂支承等
	f	多用于 IT6~IT8 级的一般转动配合。当温度影响不大时，被广泛用于普通润滑油（或润滑脂）润滑的支承，如齿轮箱、小电动机、泵等的转轴与滑动支承的配合
	g	配合间隙很小，制造成本高，除很轻负荷的精密装置外，不推荐用于转动配合。多用于 IT5~IT7 级，最适合不回转的精密滑动配合，也用于插销等定位配合，如精密连杆轴承，活塞、滑阀及连杆销等
	h	多用于 IT4~IT11 级。广泛用于无相对转动的零件，作为一般的定位配合。若无温度、变形影响，也可用于精密滑动配合

（续）

配合种类	基本偏差	配合特性及应用
过渡配合	js	为完全对称偏差（±IT/2），平均为稍有间隙的配合，多用于 IT4～IT7 级，要求间隙比 h 轴小，并允许略有过盈的定位配合，如联轴器，可用木锤装配
	k	平均为没有间隙的配合，适用于 IT4～IT7 级。推荐用于稍有过盈的定位配合，例如为了清除振动用的定位配合，一般用木锤装配
	m	平均为均有小过盈的过渡配合，适用于 IT4～IT7 级，一般用木锤装配，但在最大过盈时，要求相当的压入力
	n	平均过盈比 m 轴稍大，很少得到间隙，适用于 IT4～IT7 级，用木锤或压力机装配，通常推荐用于紧密的组件配合。H6/n5 配合为过盈配合
过盈配合	p	与 H6 孔或 H7 孔配合时是过盈配合，与 H8 孔配合时则为过渡配合。对非铁类零件，为较轻的压入配合，易于拆卸。对钢、铸铁或铜、钢组件装配时为标准压入配合
	r	对铁制零件为中等打入配合；对非铁类零件，为轻打入的配合，可拆卸。与 H8 孔配合，直径在 100mm 以上时为过盈配合，直径小时为过渡配合
	s	用于钢和铁制零件的永久性和半永久性装配，可产生相当大的结合力。当用弹性材料，如轻合金时配合性质与铁类零件的 p 轴相当，例如用于套环压装在轴上、阀座与机体等配合。尺寸较大时，为了避免损伤配合表面，需用热胀或冷缩法装配
	t、u、v、x、y、z	过盈量依次增大，一般不推荐采用

附表 C-3 公差等级与加工方法的关系

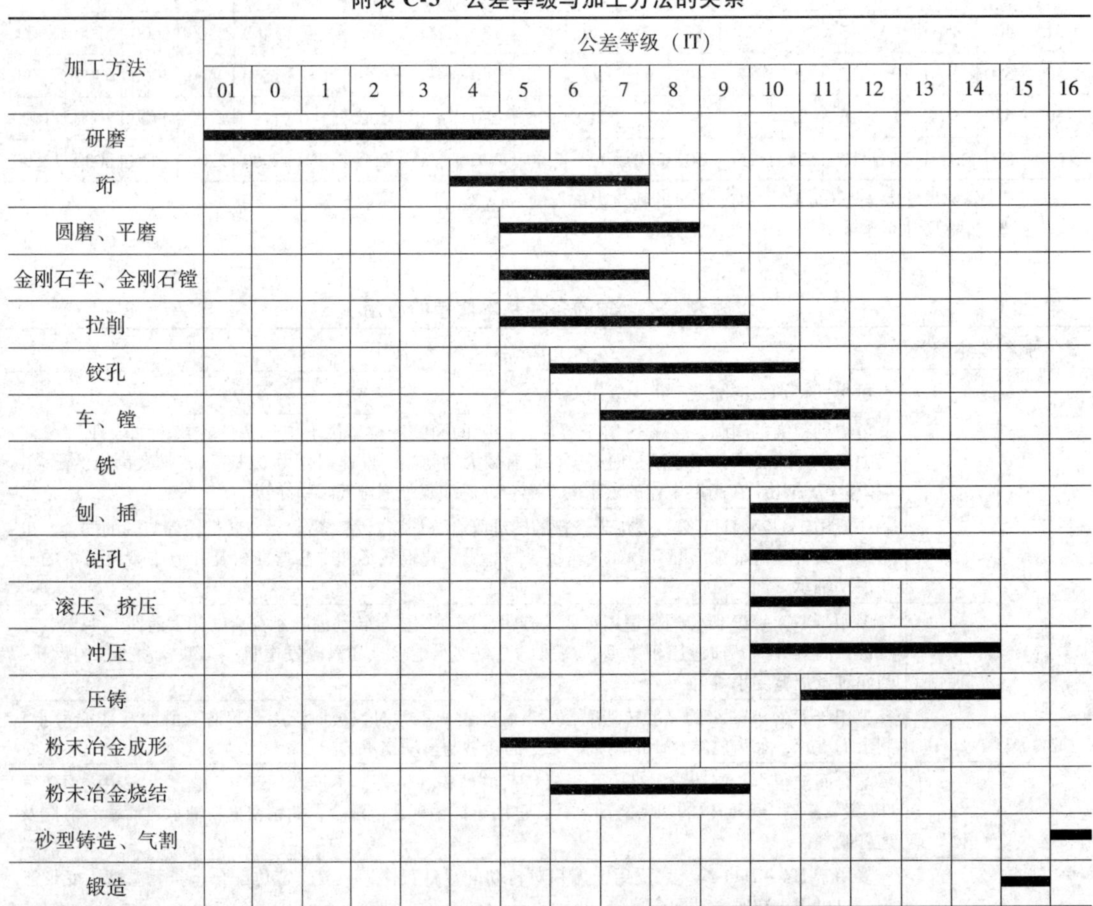

附表 C-4　优先配合特性及应用举例

基孔制	基轴制	优先配合特性及应用举例
H11/c11	C11/h11	间隙非常大，用于很轻松的、转动很慢的间隙配合，或要求大公差与大间隙的外露组件，或要求配装方便的且较松的配合
H9/d9	D9/h9	间隙很大的自由转动配合，用于精度非主要要求时，或有大的温度变动、高转速或大的轴颈压力时
H8/f7	F8/h7	间隙不大的转动配合，用于中等转速与中等轴颈压力的精确转动，也用于装配交易的中等定位配合
H7/g6	G7/h6	间隙很小的滑动配合，用于不希望自由转动，但可自由移动和滑动并精密定位时，也可用于要求明确的定位配合
H7/h6　H8/h7 H9/h9　H11/h11	H7/h6　H8/h7 H9/h9　H11/h11	均为间隙定为配合，零件可自由拆装，而工作时一般相对静止不动。在最大实体条件下的间隙为零，在最小实体条件下的间隙由公差等级决定
H7/k6	K7/h6	过渡配合，用于精密定位
H7/n6	N7/h6	过渡配合，允许有较大过盈的更精密定位
H7*/p6	P7/h6	过盈定位配合，即小过硬配合，用于定位精度特别重要时，能以最好的定位精度达到部件的刚性及对中性要求，而对内孔承受压力无特殊要求，不依靠配合的紧固性传递摩擦负荷
H7/s6	S7/h6	中等压入配合，适用于一般钢件，或用于薄壁件的冷缩配合，用于铸铁件可得到最紧的配合
H7/u6	U7/h6	压入配合，适用于可以承受大压入力的零件或不宜承受大压入力的冷缩配合

注：*公称尺寸小于或等于3mm 为过渡配合。

附表 C-5　优先配合中轴的极限偏差　　（单位：μm）

公称尺寸/mm		公差带												
		c	d	f	g	h				k	n	p	s	u
大于	至	11	9	7	6	6	7	9	11	6	6	6	6	6
—	3	-60 -120	-20 -45	-6 -16	-2 -8	0 -6	0 -10	0 -25	0 -60	+6 0	+10 +4	+12 +6	+20 +14	+24 +18
3	6	-70 -145	-30 -60	-10 -22	-4 -12	0 -8	0 -12	0 -30	0 -75	+9 +1	+16 +8	+20 +12	+27 +19	+31 +23
6	10	-80 -170	-40 -76	-13 -28	-5 -14	0 -9	0 -15	0 -36	0 -90	+10 +1	+19 +10	+24 +15	+32 +23	+37 +28
10	14	-95 -205	-50 -93	-16 -34	-6 -17	0 -11	0 -18	0 -43	0 -110	+12 +1	+23 +12	+29 +18	+39 +28	+44 +33
14	18													
18	24	-110 -240	-65 -117	-20 -41	-7 -20	0 -13	0 -21	0 -52	0 -130	+15 +2	+28 +15	+35 +22	+48 +35	+54 +41
24	30													+61 +48
30	40	-120 -280	-80 -142	-25 -50	-9 -25	0 -16	0 -25	0 -62	0 -160	+18 +2	+33 +17	+42 +26	+59 +43	+76 +60
40	50	-130 -290												+86 +70
50	65	-140 -330	-100 -174	-30 -60	-10 -29	0 -19	0 -30	0 -74	0 -190	+21 +2	+39 +20	+51 +32	+72 +53	+106 +87
65	80	-150 -340											+78 +59	+121 +102

（续）

公称尺寸/mm		公差带												
		c	d	f	g	h				k	n	p	s	u
大于	至	11	9	7	6	6	7	9	11	6	6	6	6	6
80	100	−170 −390	−120 −207	−36 −71	−12 −34	0 −22	0 −35	0 −87	0 −220	+25 +3	+45 +23	+59 +37	+93 +71	+146 +124
100	120	−180 −400											+101 +79	+166 +144
120	140	−200 −450	−145 −245	−43 −83	−14 −39	0 −25	0 −40	0 −100	0 −250	+28 +3	+52 +27	+68 +43	+117 +92	+195 +170
140	160	−210 −460											+125 +100	+215 +190
160	180	−230 −480											+133 +108	+235 +210
180	200	−240 −530	−170 −285	−50 −96	−15 −44	0 −29	0 −46	0 −115	0 −290	+33 +4	+60 +31	+79 +50	+151 +122	+265 +236
200	225	−260 −550											+159 +130	+287 +258
225	250	−280 −570											+169 +140	+313 +284
250	280	−300 −620	−190 −320	−56 −108	−17 −49	0 −32	0 −52	0 −130	0 −320	+36 +4	+66 +34	+88 +56	+190 +158	+347 +315
280	315	−330 −650											+202 +170	+382 +350
315	355	−360 −720	−210 −350	−62 −119	−18 −54	0 −36	0 −57	0 −140	0 −360	+40 +4	+73 +37	+98 +62	+226 +190	+426 +390
355	400	−400 −760											+244 +208	+471 +435
400	450	−440 −840	−230 −385	−68 −131	−20 −60	0 −40	0 −63	0 −155	0 −400	+45 +5	+80 +40	+108 +68	+272 +232	+530 +490
450	500	−480 −980											+292 +252	+580 +540

附表 C-6　优先配合中孔的极限偏差　　（单位：μm）

公称尺寸/mm		公差带												
		C	D	F	G	H				K	N	P	S	U
大于	至	11	9	8	7	7	8	9	11	7	7	7	7	7
—	3	+120 +60	+45 +20	+20 +6	+12 +2	+10 0	14 0	25 0	60 0	0 −10	−4 −14	−6 −16	−14 −24	−18 −28
3	6	+145 +70	+60 +30	+28 +10	+16 +4	+12 0	18 0	30 0	75 0	+3 −9	−4 −16	−8 −20	−15 −27	−19 −31
6	10	170 +80	+76 +40	+35 +13	+20 +5	+15 0	22 0	36 0	90 0	5 −10	−4 −19	−9 −24	−17 −32	−22 −37
10	14	+205 +95	+93 +50	+43 +16	+24 +6	+18 0	27 0	43 0	110 0	+6 −12	−5 −23	−11 −29	−21 −39	−26 −44
14	18													
18	24	+240 +110	+117 +65	+53 +20	+28 +7	+21 0	+33 0	+52 0	+130 0	+6 −15	−7 −28	−14 −35	−27 −48	−33 −54
24	30													−40 −61

（续）

公称尺寸/mm		公差带												
		C	D	F	G	H				K	N	P	S	U
大于	至	11	9	8	7	7	8	9	11	7	7	7	7	7
30	40	+280 +120	+142 +80	+64 +25	+34 +9	+25 0	+39 0	+62 0	+160 0	+7 -18	-8 -33	-17 -42	-34 -59	-51 -76
40	50	+290 +130												-61 -86
50	65	+330 +140	+174 +100	+76 +30	+40 +10	+30 0	+46 0	+74 0	+190 0	+9 -21	-9 -39	-21 -51	-42 -72	-76 -106
65	80	+340 +150											-48 -78	-91 -121
80	100	+390 +170	+207 +120	+90 +36	+47 +12	+35 0	+54 0	+87 0	+220 0	+10 -25	-10 -45	-24 -59	-58 -93	-111 -146
100	120	+400 +180											-66 -101	-131 -166
120	140	+450 +200											-77 -117	-155 -195
140	160	+460 +210	+245 +145	+106 +43	+54 +14	+40 0	+63 0	+100 0	+250 0	+12 -28	-12 -52	-28 -68	-85 -125	-175 -215
160	180	+480 +230											-93 -133	-195 -235
180	200	+530 +240											-105 -151	-219 -265
200	225	+550 +260	+285 +170	+122 +50	+61 +15	+46 0	+72 0	+115 0	+290 0	+13 -33	-14 -60	-33 -79	-113 -159	-241 -287
225	250	+570 +280											-123 -169	-267 -313
250	280	+620 + 300	320 +190	+137 +56	+69 +17	+52 0	+81 0	+130 0	+320 0	+16 -36	-14 -66	-36 -88	-138 -190	-295 -347
280	315	+650 +330											-150 -202	-330 -382
315	355	+720 +360	+350 +210	+151 +62	+75 +18	+57 0	+89 0	+140 0	+360 0	+17 -40	-16 -73	-41 -98	-169 -226	-369 -426
355	400	+760 +400											-187 -244	-414 -471
400	450	+840 +440	+385 +230	+165 +68	+83 +20	+63 0	+97 0	+155 0	+400 0	+18 -45	-17 -80	-45 -108	-209 -272	-467 -530
450	500	+880 +480											-229 -292	-517 -580

附表 C-7 几何公差特征项目的符号及其标注（摘自 GB/T 1182—2008）

公差特征项目的符号								被侧要素、基准要素的标准要求及其他附加符号				
公差		特征项目	符号	公差		特征项目	符号	说明		符号	说明	符号
形状	形状	直线度	—	位置	定向	平行度	//	被测要素的标注	直接		最大实体要求	Ⓜ
									用字母	A	最小实体要求	Ⓛ
		平面度	▱			垂直度	⊥	基准要素的标注		A A	可逆要求	Ⓡ
		圆度	○			倾斜度	∠	基准目标的标注		φ2 A1	延伸公差带	Ⓟ

（续）

公差特征项目的符号							被侧要素、基准要素的标准要求及其他附加符号			
公差		特征项目	符号	公差		特征项目	符号	说明	符号	说明	符号
形状	形状	圆柱度	⌭	位置	定位	同轴（同心）度	◎	理论正确尺寸	50	自由状态（非刚性零件）条件	Ⓕ
形状或位置	轮廓	线轮廓度	⌒			对称度	⌯	包容要求	Ⓔ	全周（轮廓）	
		面轮廓度	⌓			位置度	⌖				
					跳动	圆跳动	↗				
						全跳动	⌰				
公差框格		— 0.1　// 0.1 A　⌖ φ0.1 Ⓜ A B C　h　2h　2h						公差要求在矩形方格中给出，该方格由2格或多格组成。框格中的内容从左到右按以下次序填写： 1 公差特征的符号 2 公差值 如需要，用一个或多个字母表示基准要素或基准体系。（h 为图样中采用字体的高度）			

附表 C-8　线性尺寸的未注公差（摘自 GB/T 1804—1992）　（单位：mm）

公差等级	线性尺寸的极限偏差数值								倒圆半径与倒角高度尺寸的极限偏差数值			
	尺寸分段								尺寸分段			
	0.5~3	>3~6	>6~30	>30~120	>120~400	>400~1000	>1000~2000	>2000~4000	0.5~3	>3~6	>6~30	>30
f（精密度）	±0.05	±0.05	±0.1	±0.15	±0.2	±0.3	±0.5	—	±0.2	±0.5	±1	±2
m（中等级）	±0.1	±0.1	±0.2	±0.3	±0.5	±0.8	±1.2	±2				
c（粗糙级）	±0.2	±0.3	±0.5	±0.8	±1.2	±2	±3	±4	±0.4	±1	±2	±4
v（最粗级）	—	±0.5	±1	±1.5	±2.5	±4	±6	±8				
在图样上，技术文件或标准中的表示方法示例：GB/T 1804—m（表示选用中等级）												

附表 C-9　形状和位置公差的数值直线度、平面度公差（摘自 GB/T 1184—1996）

主参数 L 图例

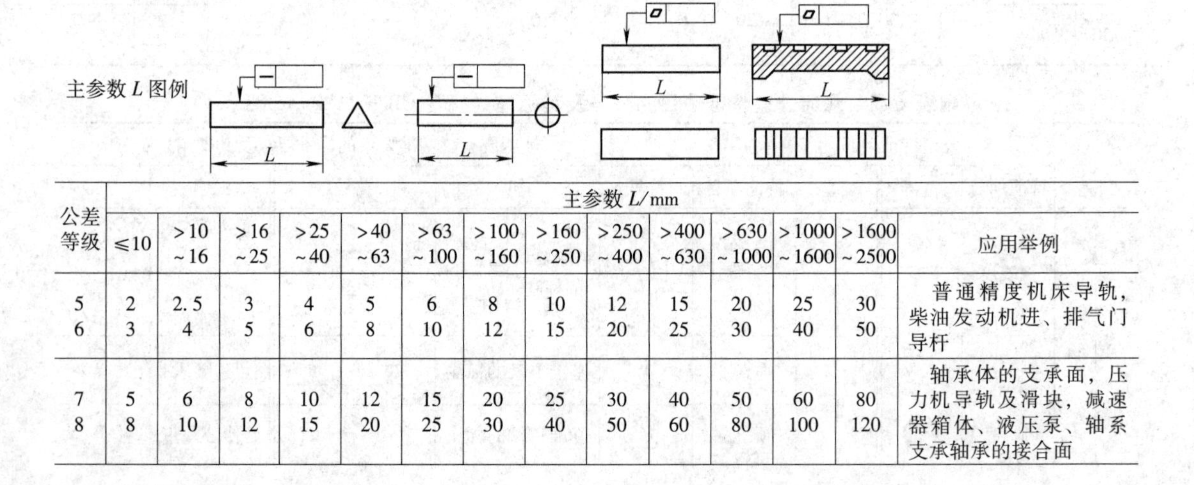

公差等级	主参数 L/mm													应用举例
	≤10	>10~16	>16~25	>25~40	>40~63	>63~100	>100~160	>160~250	>250~400	>400~630	>630~1000	>1000~1600	>1600~2500	
5 6	2 3	2.5 4	3 5	4 6	5 8	6 10	8 12	10 15	12 20	15 25	20 30	25 40	30 50	普通精度机床导轨，柴油发动机进、排气门导杆
7 8	5 8	6 10	8 12	10 15	12 20	15 25	20 30	25 40	30 50	40 60	50 80	60 100	80 120	轴承体的支承面，压力机导轨及滑块，减速器箱体、液压泵、轴系支承轴承的接合面

（续）

公差等级	主参数 L/mm													应用举例
	≤10	>10~16	>16~25	>25~40	>40~63	>63~100	>100~160	>160~250	>250~400	>400~630	>630~1000	>1000~1600	>1600~2500	
9 10	12 20	15 25	20 30	25 40	30 50	40 60	50 80	60 100	80 120	100 150	120 200	150 250	200 300	辅助机构及手动机械的支承面，液压管件和法兰的连接面
11 12	30 60	40 80	50 100	60 120	80 150	100 200	120 250	150 300	200 400	250 500	300 600	400 800	500 1000	离合器的摩擦片，汽车发动机气缸盖接合面

标注示例	说明	标注示例	说明
— 0.02	圆柱表面上任一素线必须位于轴平面内，距离为公差值 0.02mm 的两平行平面之间	— φ0.04 φd	Φd 圆柱体的轴线必须位于直径为公差值 0.04mm 的圆柱面内
— 0.02	棱线必须位于箭头所示方向，距离为公差值 0.02mm 的两平行平面内	▱ 0.1	上表面必须位于距离为公差值 0.1mm 的两平行平面内

注：表中“应用举例”非 GB/T 1184—1996 内容，仅供参考。

附表 C-10　圆度、圆柱度公差（摘自 GB/T 1184—1996）

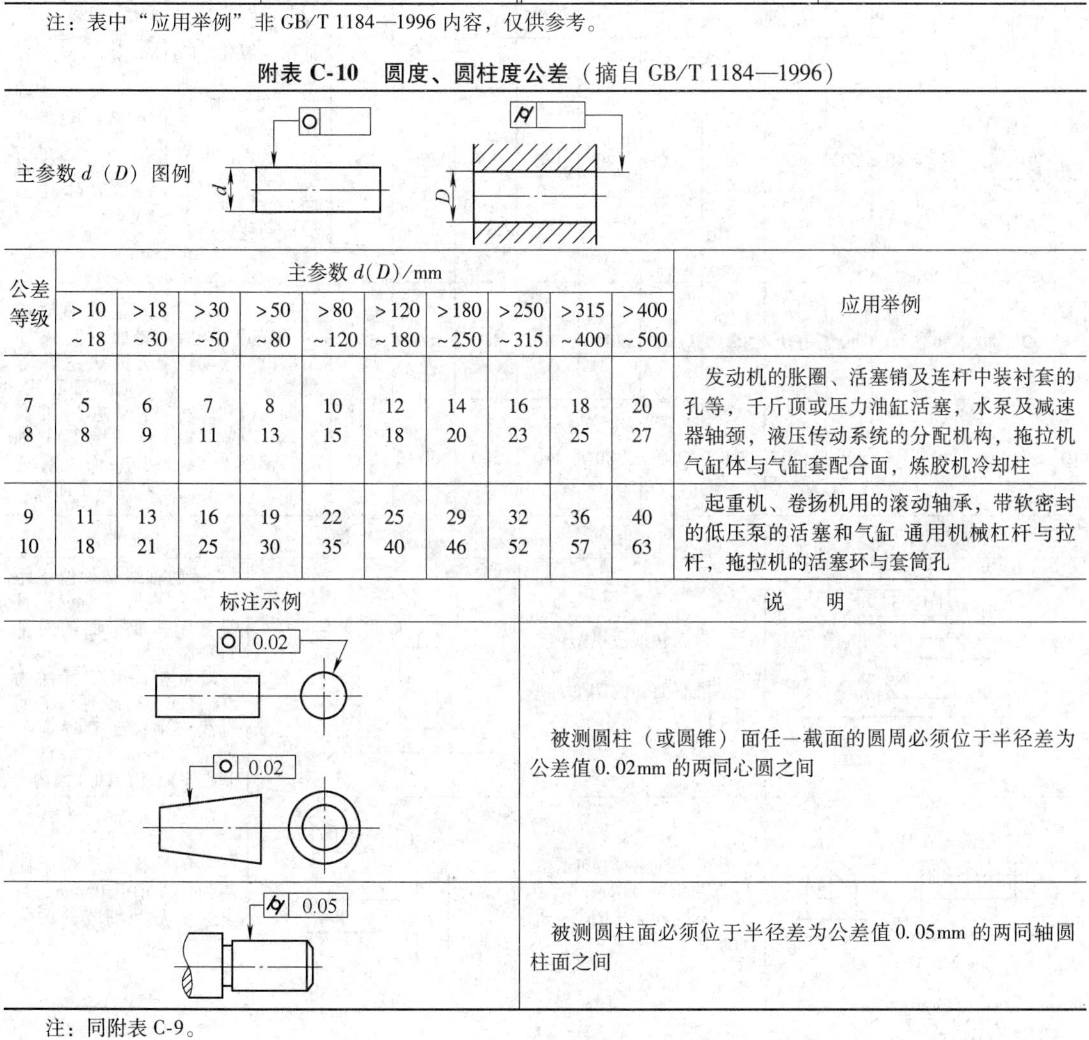

主参数 d（D）图例

公差等级	主参数 d(D)/mm										应用举例
	>10~18	>18~30	>30~50	>50~80	>80~120	>120~180	>180~250	>250~315	>315~400	>400~500	
7 8	5 8	6 9	7 11	8 13	10 15	12 18	14 20	16 23	18 25	20 27	发动机的胀圈、活塞销及连杆中装衬套的孔等，千斤顶或压力油缸活塞，水泵及减速器轴颈，液压传动系统的分配机构，拖拉机气缸体与气缸套配合面，炼胶机冷却柱
9 10	11 18	13 21	16 25	19 30	22 35	25 40	29 46	32 52	36 57	40 63	起重机、卷扬机用的滚动轴承，带软密封的低压泵的活塞和气缸 通用机械杠杆与拉杆，拖拉机的活塞环与套筒孔

标注示例	说　明
○ 0.02	被测圆柱（或圆锥）面任一截面的圆周必须位于半径差为公差值 0.02mm 的两同心圆之间
⌭ 0.05	被测圆柱面必须位于半径差为公差值 0.05mm 的两同轴圆柱面之间

注：同附表 C-9。

附表 C-11　平行度、垂直度、倾斜度公差（摘自 GB/T 1184—1996）

主参数 L，$d(D)$ 图例

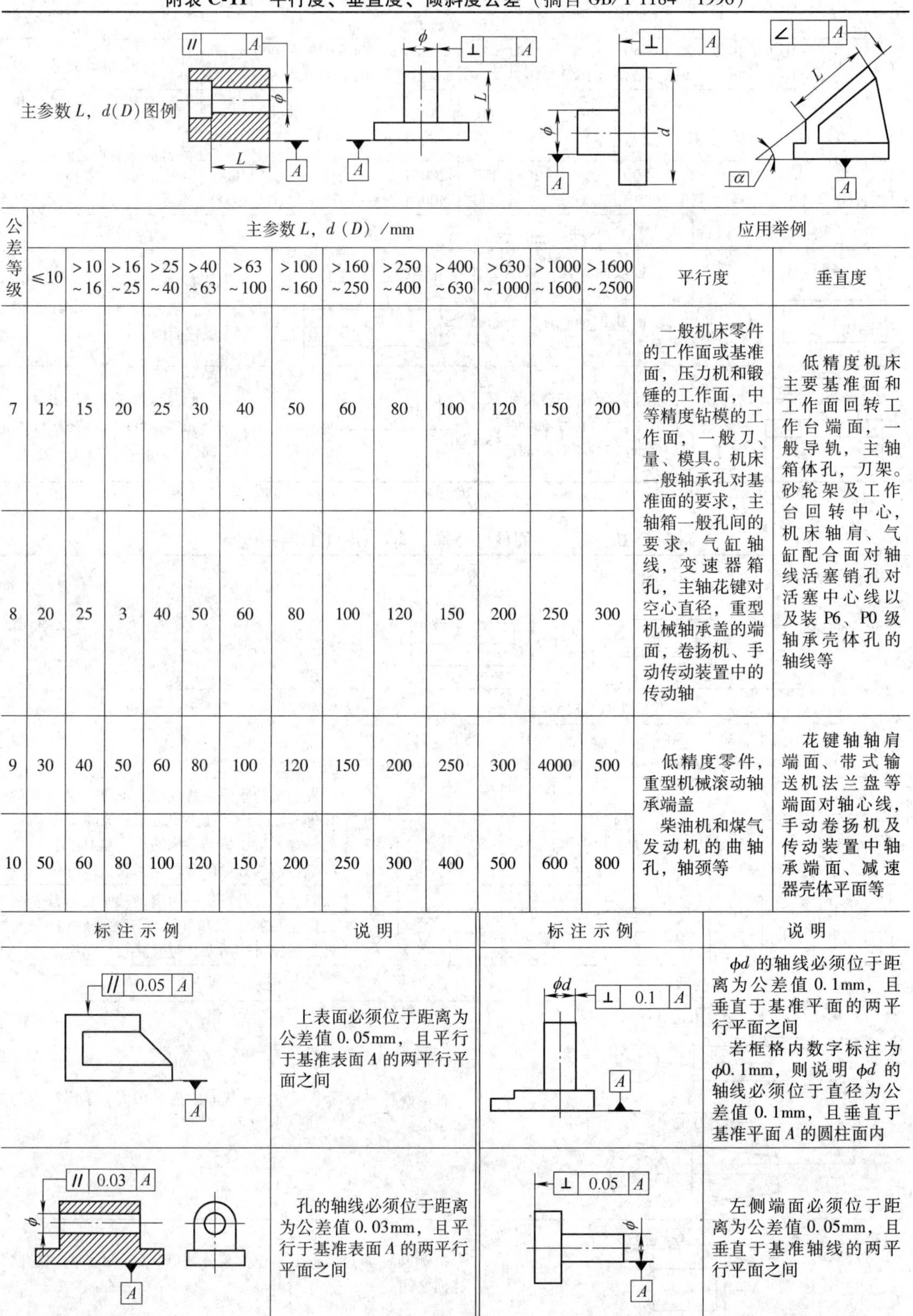

公差等级	主参数 L，d（D）/mm													应用举例	
	≤10	>10~16	>16~25	>25~40	>40~63	>63~100	>100~160	>160~250	>250~400	>400~630	>630~1000	>1000~1600	>1600~2500	平行度	垂直度
7	12	15	20	25	30	40	50	60	80	100	120	150	200	一般机床零件的工作面或基准面，压力机和锻锤的工作面，中等精度钻模的工作面，一般刀、量、模具。机床一般轴承孔对基准面的要求，主轴箱一般孔间的要求，气缸轴线，变速器箱孔，主轴花键对空心直径，重型机械轴承盖的端面，卷扬机、手动传动装置中的传动轴	低精度机床主要基准面和工作面回转工作台端面，一般导轨，主轴箱体孔，刀架。砂轮架及工作台回转中心，机床轴肩、气缸配合面对轴线活塞销孔对活塞中心线以及装 P6、P0 级轴承壳体孔的轴线等
8	20	25	3	40	50	60	80	100	120	150	200	250	300		
9	30	40	50	60	80	100	120	150	200	250	300	4000	500	低精度零件，重型机械滚动轴承端盖 柴油机和煤气发动机的曲轴孔，轴颈等	花键轴轴肩端面、带式输送机法兰盘等端面对轴心线，手动卷扬机及传动装置中轴承端面、减速器壳体平面等
10	50	60	80	100	120	150	200	250	300	400	500	600	800		

标注示例	说明	标注示例	说明
	上表面必须位于距离为公差值 0.05mm，且平行于基准表面 A 的两平行平面之间		ϕd 的轴线必须位于距离为公差值 0.1mm，且垂直于基准平面的两平行平面之间 若框格内数字标注为 ϕ0.1mm，则说明 ϕd 的轴线必须位于直径为公差值 0.1mm，且垂直于基准平面 A 的圆柱面内
	孔的轴线必须位于距离为公差值 0.03mm，且平行于基准表面 A 的两平行平面之间		左侧端面必须位于距离为公差值 0.05mm，且垂直于基准轴线的两平行平面之间

注：同附表 C-9。

附表 C-12　同轴度、对称度、圆跳动和全跳动公差（摘自 GB/T 1184—1996）　（单位：μm）

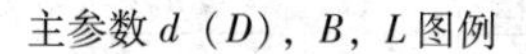

主参数 d（D），B，L 图例

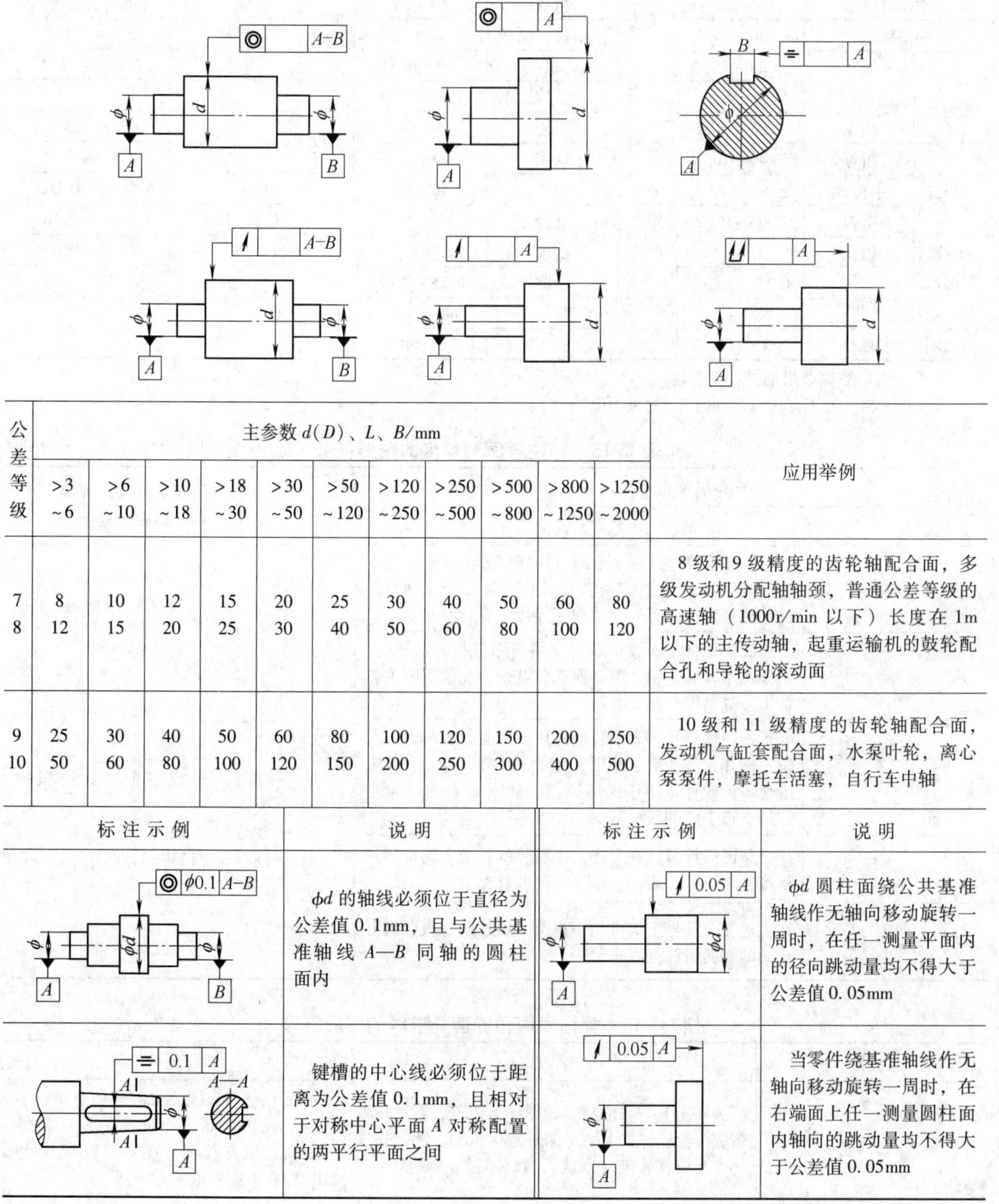

公差等级	主参数 $d(D)$、L、B/mm											应用举例
	>3 ~6	>6 ~10	>10 ~18	>18 ~30	>30 ~50	>50 ~120	>120 ~250	>250 ~500	>500 ~800	>800 ~1250	>1250 ~2000	
7 8	8 12	10 15	12 20	15 25	20 30	25 40	30 50	40 60	50 80	60 100	80 120	8 级和 9 级精度的齿轮轴配合面，多级发动机分配轴轴颈，普通公差等级的高速轴（1000r/min 以下）长度在 1m 以下的主传动轴，起重运输机的鼓轮配合孔和导轮的滚动面
9 10	25 50	30 60	40 80	50 100	60 120	80 150	100 200	120 250	150 300	200 400	250 500	10 级和 11 级精度的齿轮轴配合面，发动机气缸套配合面，水泵叶轮，离心泵泵件，摩托车活塞，自行车中轴

标注示例	说明	标注示例	说明
◎ ϕ0.1 A—B	ϕd 的轴线必须位于直径为公差值 0.1mm，且与公共基准轴线 A—B 同轴的圆柱面内	↗ 0.05 A	ϕd 圆柱面绕公共基准轴线作无轴向移动旋转一周时，在任一测量平面内的径向跳动量均不得大于公差值 0.05mm
≡ 0.1 A	键槽的中心线必须位于距离为公差值 0.1mm，且相对于对称中心平面 A 对称配置的两平行平面之间	↗ 0.05 A	当零件绕基准轴线作无轴向移动旋转一周时，在右端面上任一测量圆柱面内轴向的跳动量均不得大于公差值 0.05mm

注：同附表 C-9。

附表 C-13　表面粗度值 *Ra* 的数值系列（摘自 GB/T 3505—2000）　（单位：μm）

Ra	0.012	0.2	3.2	50	*Ra*	0.05	0.8	12.5	—
	0.025	0.4	6.3	100		0.1	1.6	25	—

注：在表面粗糙度参数常用的参数范围内（*Ra* 为 0.025 ~6.3μm），推荐优先选用 *Ra*。

附表 C-14　加工方法与表面粗糙度值 *Ra* 的关系（参考）　　（单位：μm）

加工方法		*Ra*	加工方法		*Ra*	加工方法		*Ra*
砂模铸造		80 ~ 20*	铰孔	粗铰	40 ~ 20	齿轮加工	插齿	5 ~ 1.25*
模型锻造		80 ~ 10		半精铰，精铰	2.5 ~ 0.32*		滚齿	2.5 ~ 1.25*
车外圆	粗车	20 ~ 10	拉削	半精拉	2.5 ~ 0.63		剃齿	1.25 ~ 0.32*
	半精车	10 ~ 2.5		精拉	0.32 ~ 0.16	切螺纹	板牙	10 ~ 2.5
	精车	1.25 ~ 0.32	刨削	粗刨	20 ~ 10		铣	5 ~ 1.25*
镗孔	粗镗	40 ~ 10		精刨	1.25 ~ 0.63		磨削	2.5 ~ 0.32*
	半精镗	2.5 ~ 0.63*	钳工加工	粗锉	40 ~ 10	镗磨		0.32 ~ 0.04
	精镗	0.63 ~ 0.32		细锉	10 ~ 2.5	研磨		0.63 ~ 0.16
圆柱铣和端铣	粗铣	20 ~ 5*		刮削	2.5 ~ 0.63	精研磨		0.08 ~ 0.02
	精铣	1.25 ~ 0.63*		研磨	1.25 ~ 0.08	抛光	一般抛	1.25 ~ 0.16
钻孔，扩孔		20 ~ 5	插削		40 ~ 2.5		精抛	0.08 ~ 0.04
锪孔，锪端面		5 ~ 1.25	磨削		5 ~ 0.01*			

注：1. 表中数据系指钢材加工而言。
2. * 为该加工方法可达到的 *Ra* 的极限值。

附表 C-15　标注表面粗糙度的图形符号

表面粗糙度符号及意义		表面粗糙度值及其有关的规定在符号中注写的位置
符号	意义及说明	
	基本图形符号，表示表面可用任何方法获得，当不加注表面粗糙度值或有关说明（例如：表面处理、局部热处理状况等）时，仅适用于简化代号标注	c a e d b a、b——注写两个或多个表面粗糙度要求 c——注写加工方法 d——注写表面纹理和方向 e——注写加工余量
	扩展图形符号，表示表面是用去除材料方法获得。例如：车、铣、钻、磨、剪切、抛光、腐蚀、电火花加工、气割等	
	扩展图形符号，表示表面是用不去除材料的方法获得，例如：铸、锻、冲压、变形、热轧、冷轧、粉末冶金等。或者是用于保持原供应状况的表面（包括保持上道工序的状况）	
	完整图形符号，在上述三个符号的长边上均可加一横线，用于标注表面粗糙度特征的补充信息	
	在上述三个符号上均可加一小圆，表示所有表面具有相同的表面粗糙度要求	

附表 C-16　标注表面粗糙度要求时的图形符号

序号	代号示例	含义	补充说明
1	*Ra* 0.8	表示不允许去除材料，单向上限值，默认传输带，*R* 轮廓，算术平均偏差为 0.8μm，评定长度为 5 个取样长度（默认），16% 规则（默认）	参数代号与极限值之间应留空格，本例未标注传输带，应理解为默认传输带，此时取样长度可在 GB/T 10610 和 GB/T 6062 中查取
2	*Rz* max 0.2	表示去除材料，单向上限值，默认传输带，*R* 轮廓，轮廓最大高度的最大值为 0.2μm，评定长度为 5 个取样长度（默认），最大规则	示例 1 ~ 4 均为单向极限要求，且均为单向上限值，故均可不加注“U”；若为单向下限值，则应加注“L”
3	0.008−0.8/*Ra* 3.2	表示去除材料，单向上限值，传输带为 0.008 ~ 0.8mm，*R* 轮廓，算术平均偏差为 3.2μm，评定长度为 5 个取样长度（默认），6% 规则（默认）	传输带“0.008 ~ 0.8”中的前后数值分别为短波和长波滤波器的截止波长（λ_s 和 λ_c），以示波长范围，此时取样长度等于 λ_c，即 $lr = 0.8$mm

（续）

序号	代号示例	含义	补充说明
4	−0.8/*Ra* 3.2	表示去除材料，单向上限值，传输带为0.0025～0.8mm，*R*轮廓，算术平均偏差为3.2μm，评定长度为3个取样长度，16%规则（默认）	传输带仅注出一个截止波长值（本例0.8表示λ_c值）时，另一截止波长值λ_s应理解为默认值，由GB/T 6062查知λ_s=0.0025mm
5	U *Ra* max 3.2 L *Ra* 0.8	表示不允许去除材料同，双向极限值，两极限值均使用默认传输带，*R*轮廓。上限值：算术平均偏差为3.2μm，评定长度为5个取样长度（默认），最大规则。下限值：算术平均偏差为0.8μm，评定长度为5个取样值长度（默认），16%规则（默认）	本例为双向极限要求，用“U”和“L”分别表示上限值和下限值，在不致引起歧义时，可不加注“U”、“L”

附录D　螺　　纹

附表D-1　普通螺纹的直径与螺距（摘自GB/T 193—2003）　　　（单位：mm）

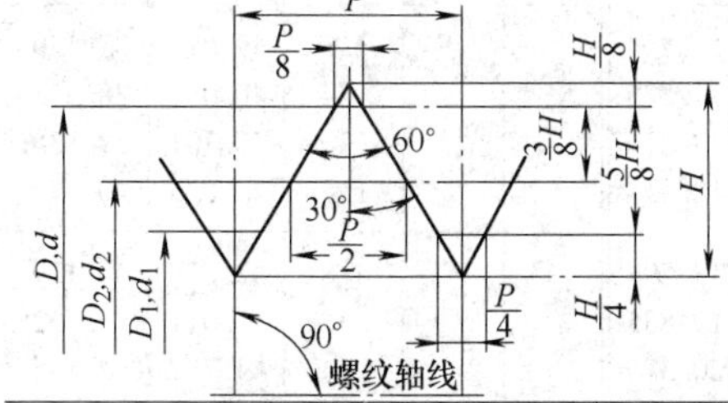

标记示例

公称直径10mm、右旋、公差带代号为6h、中等旋合长度的普通粗牙螺纹标记为：

M10—6h

公称直径 *d*、*D*			螺距 *P*		公称直径 *d*、*D*			螺距 *P*	
第一系列	第二系列	第三系列	粗牙	细牙	第一系列	第二系列	第三系列	粗牙	细牙
3			0.5	0.35			28		2，1.5，1
	3.5		0.6		30			3.5	(3)，2，1.5，1
4			0.7	0.5			32		2，1.5
	4.5		0.75			33		3.5	(3)，2，1.5
5			0.8				35		1.5
		5.5			36			4	3，2，1.5
6	7		1	0.75			38		1.5
8			1.25	1，0.75		39		4	3，2，1.5
		9	1.25				40		3，2，1.5
10			1.5	1.25，1，0.75	42	45		4.5	4，3，2，1.5
		11	1.5	1.5，1，0.75	48			5	
12			1.75	1.25，1			50		3，2，1.5
	14		2	1.5，1.25，1		52		5	4，3，2，1.5
		15		1.5，1			55		4，3，2，1.5
16			2	1.5，1	56			5.5	4，3，2，1.5
		17		1.5，1			58		4，3，2，1.5
20	18		2.5	2，1.5，1		60		5.5	4，3，2，1.5
	22			2，1.5，1			62		4，3，2，1.5
24			3	2，1.5，1	64			6	4，3，2，1.5
		25		2，1.5，1			65		4，3，2，1.5
		26		1.5		68		6	4，3，2，1.5
	27		3	2，1.5，1			70		6，4，3，2，1.5

注：1. 优先选用第一系列，其次是第二系列，第三系列尽可能不用。

2. M14×1.25仅用于火花塞，M35×1.5仅用于滚动轴承锁紧螺母

附表 **D-2**　普通螺纹的基本尺寸（摘自 GB/T 196—2003）　　（单位：mm）

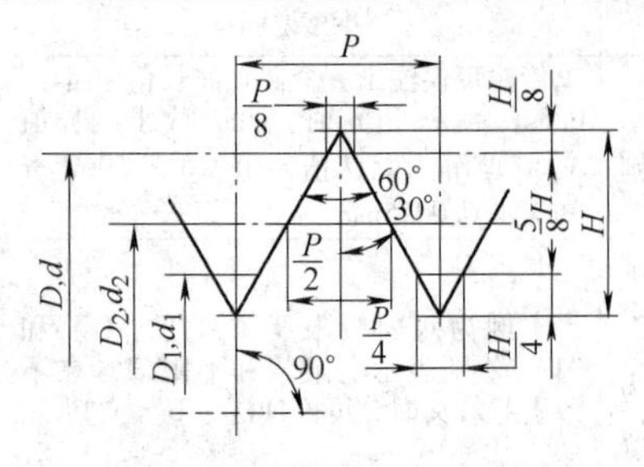

$H = 0.866P$

$d_2 = d - 0.6495P$

$d_1 = d - 1.0825P$

D、d——内外螺纹大径

D_2、d_2——内外螺纹中径

D_1、d_1——内外螺纹小径

P——螺距

标记示例

M20-6H（公称直径 20 粗牙右旋内螺纹，中径和大径的公差带均为 6H）

M20-6g（公称直径 20 粗牙右旋外螺纹，中径和大径的公差带均为 6g）

M20-6H/6g（上述规格的螺纹副）

M20×2-5g6g-S-LH（公称直径 20、螺距 2 的细牙左旋外螺纹，中径、大径的公差带分别为 5g、6g，短旋合长度）

公称直径 D、d		螺距	中径	小径
第一系列	第二系列	P	D_2、d_2	D_1、d_2
3		**0.5**	2.675	2.459
		0.35	2.773	2.621
	3.5	**0.6**	3.110	2.850
		0.35	3.273	3.121
4		0.7	3.545	3.242
		0.5	3.675	3.459
	4.5	**0.75**	4.013	3.688
		0.5	4.175	3.959
5		**0.8**	4.480	4.134
		0.5	4.675	4.459
6		**1**	5.350	4.917
		0.75	5.513	5.188
8		**1.25**	7.188	6.647
		1	7.350	6.917
		0.75	7.513	7.188
10		**1.5**	9.026	8.376
		1.25	9.188	8.647
		1	9.350	8.917
		0.75	9.513	9.188
12		**1.75**	10.863	10.106
		1.5	11.026	10.376
		1.25	11.188	10.647
		1	11.350	10.917
	14	**2**	12.701	11.835
		1.5	13.026	12.376
		1	13.350	12.917
16		**2**	14.701	13.835
		1.5	15.026	14.376
		1	15.350	14.917
	18	**2.5**	16.376	15.294
		2	16.701	15.835

公称直径 D、d		螺距	中径	小径
第一系列	第二系列	P	D_2、d_2	D_1、d_2
	18	1.5	17.026	16.376
		1	17.350	16.917
20		**2.5**	18.376	17.294
		2	18.701	17.835
		1.5	19.026	18.376
		1	19.350	18.917
	22	**2.5**	20.376	19.294
		2	20.701	19.835
		1.5	21.026	20.376
		1	21.350	20.917
24		**3**	22.051	20.752
		2	22.701	21.835
		1.5	23.026	22.376
		1	23.350	22.917
	27	**3**	25.051	23.752
		2	25.701	24.835
		1.5	26.026	25.376
		1	26.350	25.917
30		**3.5**	27.727	26.211
		2	28.701	27.835
		1.5	29.026	28.376
		1	29.350	28.917
	33	**3.5**	30.727	29.211
		2	31.701	30.835
		1.5	32.026	31.376
36		**4**	33.402	31.670
		3	34.051	32.752
		2	34.701	33.835
		1.5	35.026	34.376
	39	**4**	36.402	34.670
		3	37.051	35.752

公称直径 D、d		螺距	中径	小径
第一系列	第二系列	P	D_2、d_2	D_1、d_2
	39	2	37.701	36.835
		1.5	38.026	37.376
42		**4.5**	39.077	37.129
		3	40.051	38.752
		2	40.701	39.835
		1.5	41.026	40.376
	45	**4.5**	42.077	40.129
		3	43.051	41.752
		2	43.701	42.835
		1.5	44.026	43.376
48		**5**	44.752	42.587
		3	46.051	44.752
		2	46.701	45.835
		1.5	47.026	46.376
	52	**5**	48.752	46.587
		3	50.051	48.752
		2	50.701	49.835
		1.5	51.026	50.376
56		**5.5**	52.428	50.046
		4	53.402	51.670
		3	54.051	52.752
		2	54.701	53.835
		1.5	55.026	54.376
	60	**5.5**	56.428	54.046
		4	57.402	55.670
		3	58.051	56.752
		2	58.701	57.835
		1.5	59.026	58.376
64		**6**	60.103	57.505
		4	61.402	59.670
		3	62.051	60.752

注：1. “螺距 P”栏中第一个数值（黑体字）为粗牙螺距，其余为细牙螺距。

2. 优先选用第一系列，其次第二系列，第三系列（表中未列出）尽可能不用。

3. 括号内尺寸尽可能不选用。

附表 D-3　梯形螺纹的直径与螺距（摘自 GB/T 5796.3—2005）　　（单位：mm）

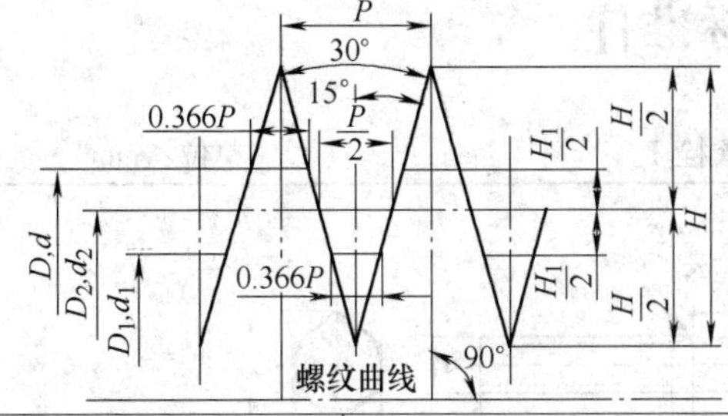

标记示例

公称直径 40mm、螺距 7mm、右旋、中径公差带代号 7e、中等旋合长度的外螺纹标记为：

Tr40×7-7e

公称直径 40mm、螺距 7mm、右旋、中径公差带代号 7H、长旋合长度的内螺纹标记为：

Tr40×7LH-8H-L

公称直径		螺距			公称直径		螺距		
第一系列	第二系列				第一系列	第二系列			
8			1.5		32		10	6	3
	9		2	1.5		34	10	6	3
10			2	1.5	36		10	6	3
	11	3	2			38	10	7	3
12		3	2		40		10	7	3
	14		3	2		42	10	7	3
16			4	2	44		12	7	3
	18		4	2		46	12	8	3
20			4	2	48		12	8	3
	22	8	5	3		50	12	8	3
24		8	5	3	52		12	8	3
	26	8	5	3		55	14	9	3
28		8	5	3	60		14	9	3
	30	10	6	3					

注：应优先选择第一系列的直径，在每个直径所对应的诸螺距中优先选择粗黑框内的螺距。

附表 D-4　55°非密封管螺纹的基本尺寸（摘自 GB/T 7307—2001）

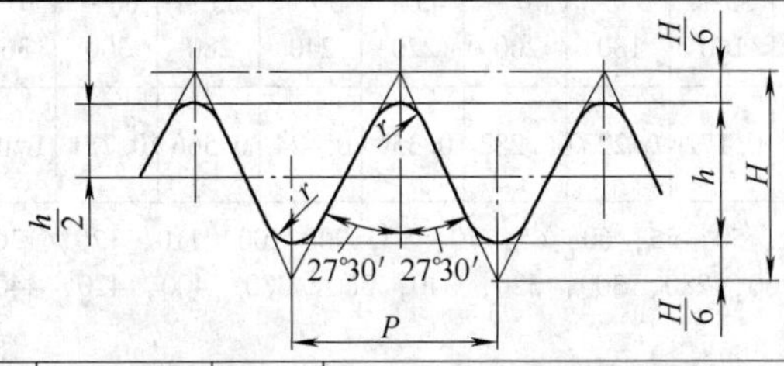

标记示例

尺寸代号为 3/4、右旋、非螺纹密封的管螺纹标记为

G3/4

尺寸代号	每 25.4mm 内的牙数 n	螺距 P/mm	公称直径 大径 $d=D$/mm	中径 $d_2=D_2$/mm	小径 $d_1=D_1$/mm	尺寸代号	每 25.4mm 内的牙数 n	螺距 P/mm	公称直径 大径 $d=D$/mm	中径 $d_2=D_2$/mm	小径 $d_1=D_1$/mm
1/8	28	0.907	9.728	9.147	8.566	11/4	11	2.309	41.910	40.431	38.952
1/4	19	1.337	13.157	12.301	11.445	11/4		2.309	47.803	46.324	44.845
3/8		1.337	16.662	15.806	14.950	13/4		2.309	53.764	52.267	50.788
1/2	14	1.814	20.955	19.793	18.631	2		2.309	59.614	58.135	56.656
5/8		1.814	22.911	21.749	20.587	21/4		2.309	65.710	64.231	62.752
3/4		1.814	26.441	25.279	24.117	21/2		2.309	75.148	73.705	72.226
7/8		1.814	30.201	29.039	27.877	23/4		2.309	81.534	80.055	78.576
1	11	2.309	33.249	31.770	30.291	3		2.309	87.884	86.405	84.926
11/8		2.319	37.897	36.418	34.939	31/4		2.309	100.330	98.851	97.372

附录 E　常用标准件

附表 E-1　六角头螺栓 I

（单位：mm）

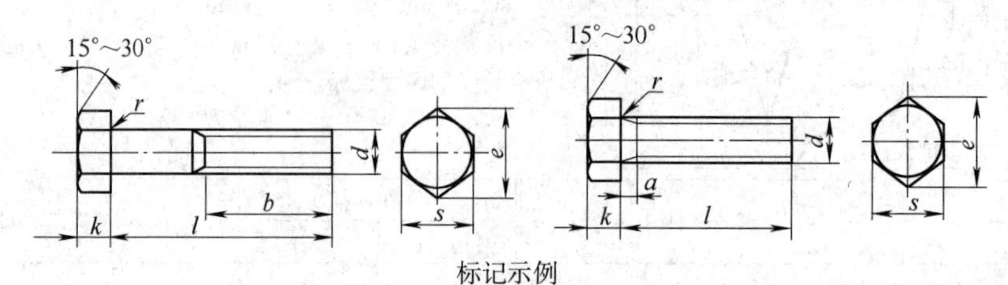

标记示例

螺纹规格 d = M12、公称长度 l = 80mm、性能等级为 4.8 级、不经表面处理、C 级的六角头螺栓：

螺栓 GB/T 5780 M12×80

螺纹规格		M5	M6	M8	M10	M12	(M14)	M16	(M18)	M20	(M22)	M24	(M27)	M30	M36
$s_{公称}$		8	10	13	16	18	21	24	27	30	34	36	41	46	55
$k_{公称}$		3.5	4	5.3	6.4	7.5	8.8	10	11.5	12.5	14	15	17	18.7	22.5
r_{min}		0.2	0.25	0.4		0.6				0.8			1		
e_{min}		8.6	10.9	14.2	17.6	19.9	22.8	26.2	29.6	33	37.3	39.6	45.2	50.9	60.8
a_{max}		2.4	3	4	4.5	5.3	6		7.5				9	10.5	12
b（参考）	$l \leqslant 125$	16	18	22	26	30	34	38	42	46	50	54	60	66	78
	$125 \leqslant l \leqslant 200$	—	—	28	32	36	40	44	48	52	56	60	66	72	84
	$l > 200$	—	—	—	—	—	53	57	61	65	69	73	79	85	97
$l_{公称}$ GB/T 5780—2000		25～50	30～60	40～80	45～100	55～120	60～140	65～160	80～180	80～200	90～220	100～240	110～260	120～300	140～360
全螺纹长度 l GB/T 5781—2000		10～50	12～60	16～80	20～100	25～120	30～140	35～160	35～180	40～200	45～220	50～240	55～280	60～300	70～360
100mm 长的质量/kg		0.013	0.020	0.037	0.063	0.090	0.127	0.172	0.223	0.282	0.359	0.424	0.566	0.721	1.100
l 系列（公称）		10，12，16，20，25，30，35，40，45，50，55，60，65，70，80，90，100，110，120，130，140，150，160，180，200，220，240，260，280，300，320，340，360，380，400，420，440，460，480，500													

技术条件	GB/T 5780 螺纹公差：8g	材料：钢	性能等级：$d \leqslant 39$、3.6、4.6、4.8；$d > 39$，按协议	表面处理：不经处理，电镀，非电解锌粉覆盖	产品等级：C
	GB/T 5781 螺纹公差：8g				

注：1. M5～M36 为商品规格，为销售储备的产品最通用的规格。

2. M42～M64 为通用规格，较商品规格低一档，有时买不到要现制造。

3. 带括号的为非优选的螺纹规格（其他各表均相同），非优选螺纹规格除表中所列外还有（M33）、（M39）、（M45）、（M52）和（M60）。

4. 末端按 GB/T 2 规定。

5. 标记示例“螺栓 GB/T 5780 M12×80”为简化标记，它代表了标记示例的各项内容，此标准件为常用及大量供应的，与标记示例内容不同的不能用简化标记，应按 GB/T 1237—2000 规定标记。

6. 表面处理：电镀技术要求按 GB/T 5267；非电解锌粉覆盖技术要求按 ISO 10683；如需其他表面镀层或表面处理，应由双方协议。

7. GB/T 5780 增加了短螺纹规格，推荐采用 GB/T 5781 全螺纹螺栓。

附表 E-2　六角头螺栓Ⅱ

（单位：mm）

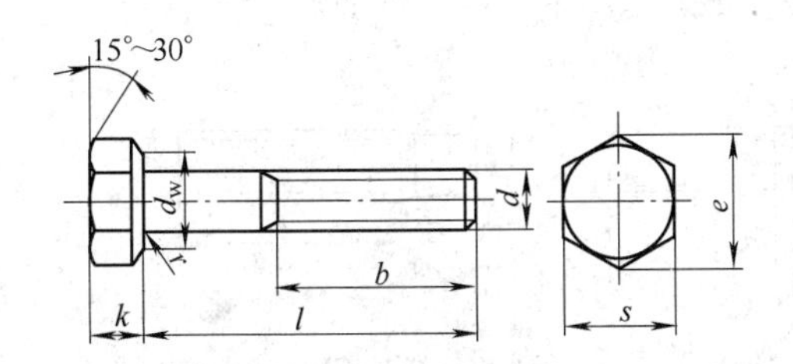

六角头头部带孔螺栓 A 和 B 级 (GB/T 32.1–1988)

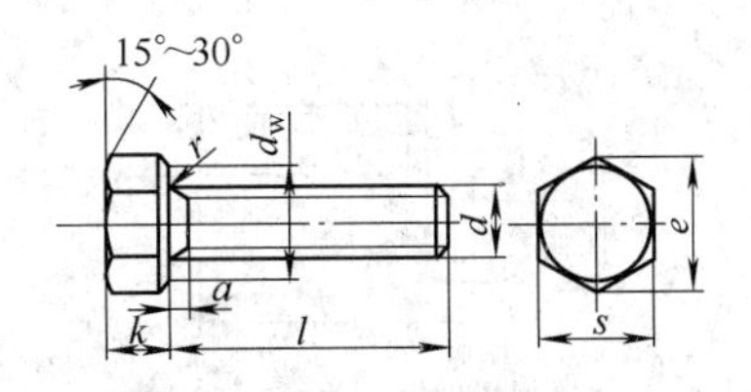

六角头头部带槽螺栓 A 和 B 级 (GB/T 29.1–1988)

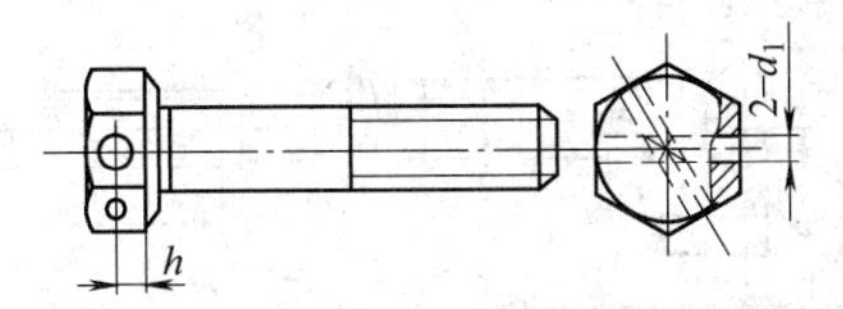

其余的形式与尺寸按 GB/T 5782 规定

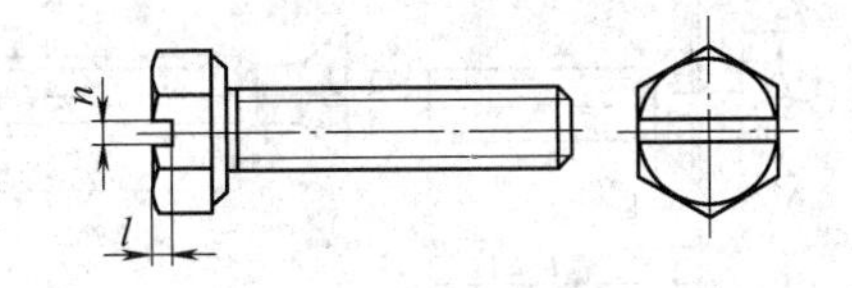

其余的形式与尺寸按 GB/T 5783 规定

标记示例

螺纹规格 d = M12、公称长度 l = 80mm、性能等级为 8.8 级、表面氧化、A 级的六角头螺栓：

螺栓　GB/T 5782　M12 × 80

螺纹规格 d		M1.6	M2	M2.5	M3	M4	M5	M6	M8	M10	M12	(M14)	M16	(M18)	M20	(M22)	M24	(M27)	M30	M36
$s_{公称}$		3.2	4	5	5.5	7	8	10	13	16	18	21	24	27	30	34	36	41	46	55
$k_{公称}$		1.1	1.4	1.7	2	2.8	3.5	4	5.3	6.4	7.5	8.8	10	11.5	12.5	14	15	17	18.7	22.5
r_{min}		0.1				0.2		0.25	0.4		0.6				0.8			1		
e_{min}	A	3.41	4.32	5.45	6.01	7.66	8.79	11.05	14.38	17.77	20.03	23.36	26.75	30.14	33.53	37.72	39.98	—	—	—
	B	3.28	4.18	5.31	5.88	7.50	8.63	10.89	14.20	17.59	19.85	22.78	26.17	29.56	32.95	37.29	39.55	45.20	50.85	60.79
d_{wmin}	A	2.27	3.07	4.07	4.57	5.88	6.88	8.88	11.63	14.63	16.63	19.64	22.49	25.34	28.19	31.71	33.61	—	—	—
	B	2.30	2.95	3.95	4.45	5.74	6.74	8.74	11.47	14.47	16.47	19.15	22.00	24.85	27.7	31.35	33.25	38.00	42.75	51.11
b 参考	l≤125	9	10	11	12	14	16	18	22	26	30	34	38	42	46	50	54	60	66	—
	125≤l≤200	15	16	17	18	20	22	24	28	32	36	40	44	48	52	56	60	66	72	84
	l>200	28	29	30	31	33	35	37	41	45	49	53	57	61	65	69	73	79	85	97
a		—	—	—	1.5	2.1	2.4	3	3.75	4.5	5.25	6		7.5			9		10.5	12
h		—	—	—	0.8	1.2		1.6	2	2.5	3	—	—	—	—	—	—	—	—	—

附表 E-3　开槽圆柱头螺钉　　（单位：mm）

开槽圆柱头螺钉（GB/T 65—2008）开槽盘头螺钉（GB/T 67—2008）

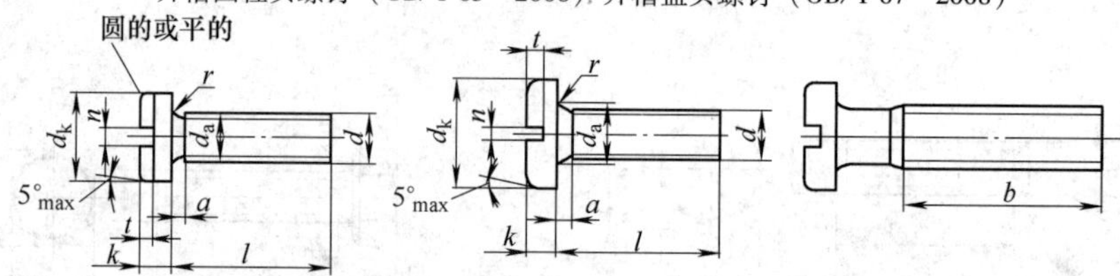

开槽沉头螺钉 (GB/T 68-2000)　　开槽半沉头螺钉 (GB/T 69-2000)

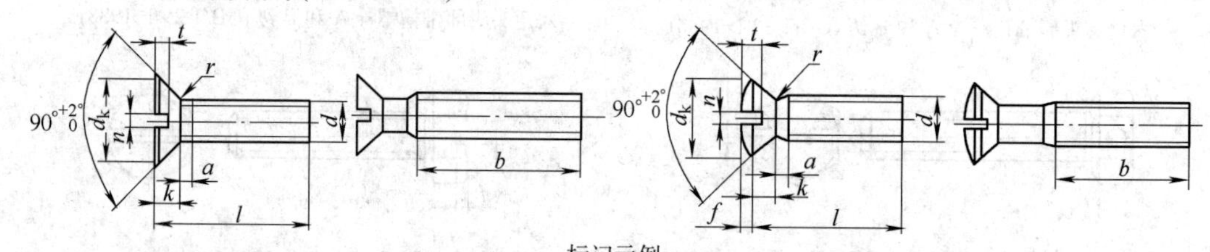

标记示例

螺纹规格 d = M5、公称长度 l = 20mm、性能等级为 4.8 级、不经表面处理的开槽圆柱头螺钉：

螺钉　GB/T　65　M5 × 20

螺纹规格 d		M3	（M3.5）	M4	M5	M6	M8	M10
a_{max}		1	1.2	1.4	1.6	2	2.5	3
b_{min}		25	38					
$n_{公称}$		0.8	1	1.2		1.6	2	2.5
GB/T 67	d_{kmax}	5.5	6	7	8.5	10	13	16
	k_{max}	2	2.4	2.6	3.3	3.9	5	6
	t_{min}	0.85	1	1.1	1.3	1.6	2	2.4
	d_{amax}	3.6	4.1	4.7	5.7	6.8	9.2	11.2
	r_{min}	0.1		0.2		0.25	0.4	
	商品规格长度 l	4 ~ 30	5 ~ 35	5 ~ 40	6 ~ 50	8 ~ 60	10 ~ 80	12 ~ 80
	全螺纹长度 l	4 ~ 30	5 ~ 4	5 ~ 40	6 ~ 40	8 ~ 40	10 ~ 80	12 ~ 80
GB/T 67	d_{kmax}	5.6	7	8	9.5	12	16	20
	k_{max}	1.8	2.1	2.4	3	3.6	4.8	6
	t_{min}	0.7	0.8	1	1.2	1.4	1.9	2.4
	d_{amax}	3.6	4.1	4.7	5.7	6.8	9.2	11.2
	r_{min}	0.1		0.2		0.25	0.4	
	商品规格长度 l	4 ~ 30	5 ~ 35	5 ~ 40	6 ~ 50	8 ~ 60	10 ~ 80	12 ~ 80
	全螺纹长度 l	4 ~ 30	5 ~ 40	5 ~ 40	6 ~ 40	8 ~ 40	10 ~ 40	12 ~ 40
GB/T 68 GB/T 69	d_{kmax}	5.5	7.3	8.4	9.3	11.3	15.8	18.3
	k_{max}	1.65	2.35	2.7		3.3	4.65	5
	r_{max}	0.8	0.9	1	1.3	1.5	2	2.5
	t_{min} GB/T 68	0.6	0.9	1	1.1	1.2	1.8	2
	t_{min} GB/T 69	1.2	1.45	1.6	2	2.4	3.2	3.8
	f	0.7	0.8	1	1.2	1.4	2	2.3
	商品规格长度 l	5 ~ 30	6 ~ 35	6 ~ 40	8 ~ 50	8 ~ 60	10 ~ 80	12 ~ 80
	全螺纹长度 l	5 ~ 30	6 ~ 45	6 ~ 45	8 ~ 45	8 ~ 45	10 ~ 45	12 ~ 45

附表 E-4　内六角圆柱头螺钉的基本规格（摘自 GB/T 70.1—2008）（单位：mm）

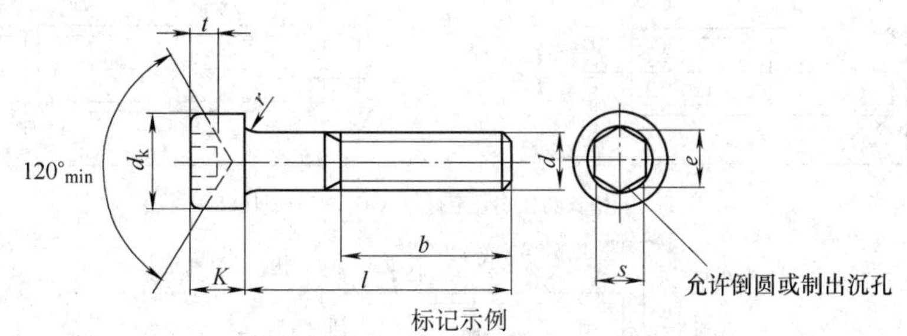

标记示例

螺纹规格 d = M5、公称长度 l = 20mm、性能等级为 8.8 级、表面氧化的内六角圆柱头螺钉：

螺钉　GB/T 70.1—2008　M5×20

螺纹规格 d	M3	M4	M5	M6	M8	M10	M12	(M14)	M16	M20	M24	M30	M36
d_k	5.5	7	8.5	10	13	16	18	21	24	30	36	45	54
K_{max}	3	4	5	6	8	10	12	14	16	20	24	30	36
t	1.3	2	2.5	3	4	5	6	7	8	10	12	15.5	19
r	0.1	0.2	0.2	0.25	0.4	0.4	0.6	0.6	0.6	0.8	0.8	1	1
s	2.5	3	4	5	6	8	10	12	14	17	19	22	27
e_{min}	2.9	3.4	4.6	5.7	6.9	9.2	11.4	13.7	16	19	21.7	25.2	30.9
b（参考）	18	20	22	24	28	32	36	40	44	52	60	72	84
l	5~30	6~40	8~50	10~60	12~80	16~100	20~120	25~140	25~160	30~200	40~200	45~260	55~200
全螺纹时最大长度	20	25	25	30	35	40	45	55(65)	55	65	80	90	110
l 系列	2.5，3，4，5，6，8，10，12，16，20，25，30，35，40，45，50，55，60，65，70，80，90，100，110，120，130，140，150，160，180，200												

注：1. 尽可能不采用括号内的规格。

2. $e_{min} = 1.14 s_{min}$。

附表 E-5 开槽锥端、平端、长圆柱端紧定螺钉的基本规格（摘自 GB/T 71、73、75—1985）

（单位：mm）

开槽锥端紧定螺钉 (GB/T 71—1985)

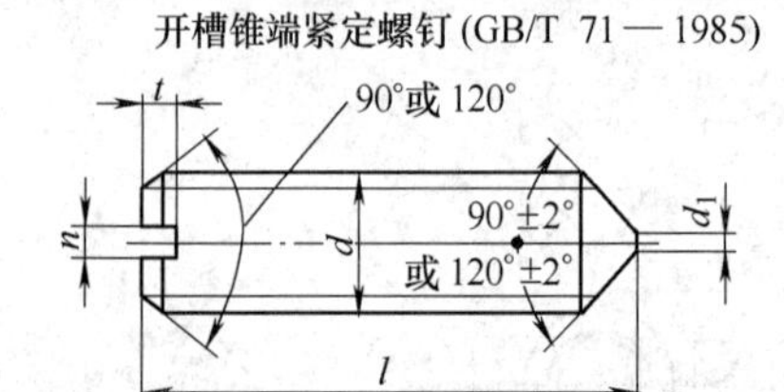

开槽平端紧定螺钉 (GB/T 73—1985)

开槽长圆柱端紧定螺钉 (GB/T 75—1985)

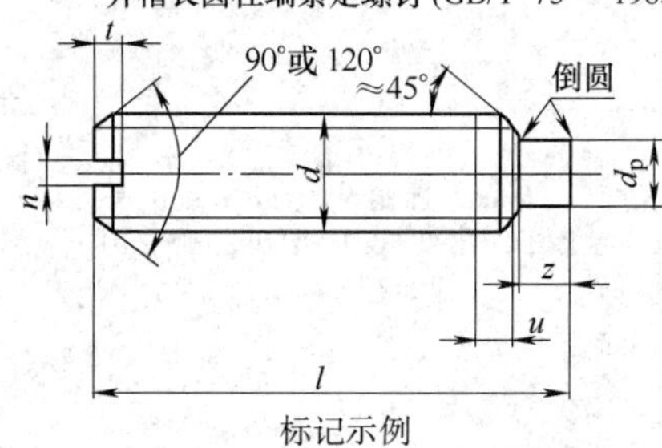

标记示例

螺纹规格 d = M5、公称长度 l = 12mm、性能等级为 14H、表面氧化的开槽锥端紧定螺钉标记为：

螺钉 GB/T 71—1985 M5 × 12—14H

d			M3	M4	M5	M6	M8	M10	M12
P	GB/T 71—1985 GB/T 73—1985 GB/T 75—1985		0.5	0.7	0.8	1	1.25	1.5	1.75
d_1	GB/T 75—1985		0.3	0.4	0.5	1.5	2	2.5	3
d_{pmax}	GB/T 73—1985 GB/T 75—1985		2	2.5	3.5	4	5.5	7	8.5
$n_{公称}$	GB/T 71—1985 GB/T 73—1985 GB/T 75—1985		0.4	0.6	0.8	1	1.2	1.6	2
t_{min}	GB/T 71—1985 GB/T 73—1985 GB/T 75—1985		0.8	1.12	1.28	1.6	2	2.4	2.8
z_{min}	GB/T 75—1985		1.5	2	2.5	3	4	5	6
倒角和锥顶角	GB/T 71—1985	120	$l≤3$	$l≤4$	$l≤5$	$l≤6$	$l≤8$	$l≤10$	$l≤12$
		90	$l≥4$	$l≥5$	$l≥6$	$l≥8$	$l≥10$	$l≥12$	$l≥14$
	GB/T 73—1985	120	$l≤3$	$l≤4$	$l≤5$	$l≤6$		$l≤8$	$l≤10$
		90	$l≥4$	$l≥5$	$l≥6$	$l≥8$		$l≥10$	$l≥12$
	GB/T 75—1985	120	$l≤5$	$l≤6$	$l≤8$	$l≤10$	$l≤14$	$l≤16$	$l≤20$
		90	$l≥6$	$l≥8$	$l≥10$	$l≥12$	$l≥16$	$l≥20$	$l≥25$
l 公称	商品规格范围	GB/T 71—1985	4 ~ 16	6 ~ 20	8 ~ 25	8 ~ 30	10 ~ 40	12 ~ 50	14 ~ 60
		GB/T 73—1985	3 ~ 16	4 ~ 20	5 ~ 25	6 ~ 30	8 ~ 40	10 ~ 50	12 ~ 60
		GB/T 75—1985	5 ~ 16	6 ~ 20	8 ~ 25	8 ~ 30	10 ~ 40	12 ~ 50	14 ~ 60
	系列值		2，2.5，3，4，5，6，8，10，12，(14)，16，20，25，30，35，40，45，50，(55)，60						

注：1. l 系列值中，尽可能不采用括号内的规格。

2. ≤M5 的 GB/T 71—1985 的螺纹，不要求锥端有平面部分（d_1）。

3. P 为螺距。

附表 E-6 六角螺母

（单位：mm）

六角螺母 C 级（GB/T 41—2000）

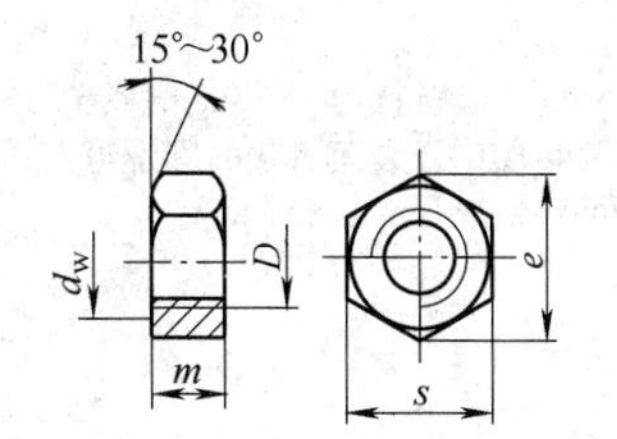

六角薄螺母无倒角（GB/T 6174—2000）

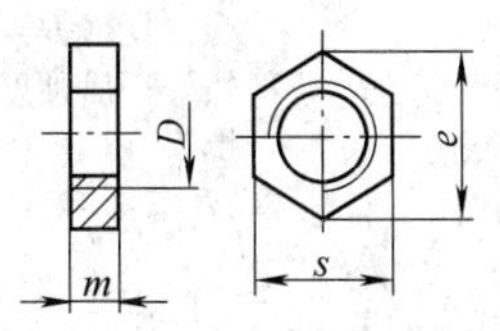

标记示例

螺纹规格 D = M6、机械性能为 HV110、不经表面处理、B 级的六角薄螺母：

螺母 GB/T 6174 M6

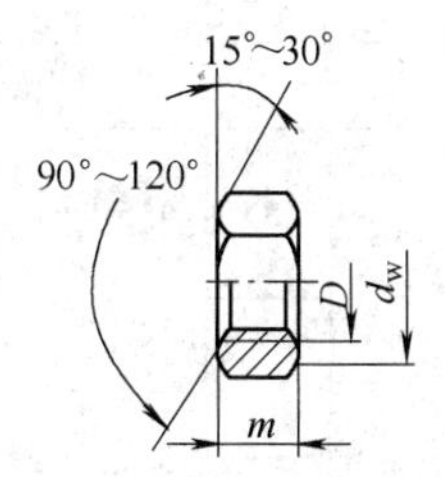

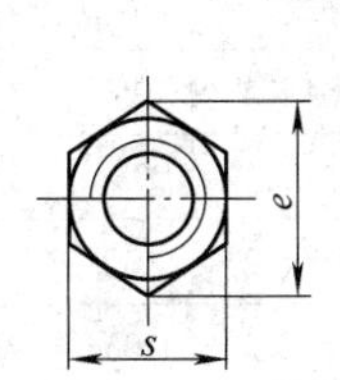

1 型六角螺母（GB/T 6170—2000）

六角薄螺母（GB/T 6172.1—2000）

标记示例

螺纹规格 D = M12、性能等级为 10 级、不经表面处理、A 级的 1 型六角螺母

螺母 GB/T 6170 M12

螺纹规格 D = M12、性能等级为 04 级、不经表面处理、A 级的六角薄螺母：

螺母 GB/T 6172.1 M12

螺纹规格 D		M3	(M3.5)	M4	M5	M6	M8	M10	M12	(M14)	M16	(M18)	M20	(M22)	M24	(M27)	M30	M36
$e_{min\,1}$①		5.9	6.4	7.5	8.6	10.9	14.2	17.6	19.9	22.8	26.2	29.6	33	37.3	39.6	45.2	50.9	60.8
$e_{min\,2}$②		6	6.6	7.7	8.8	11	14.4	17.8	20	23.4	26.8	29.6	33	37.3	39.6	45.2	50.9	60.8
$s_{公称}$		5.5	6	7	8	10	13	16	18	21	24	27	30	34	36	41	46	55
d_{wmin1}①		—	—	—	6.7	8.7	11.5	14.5	16.5	19.2	22	24.9	27.7	31.4	33.3	38	42.8	51.1
d_{wmin2}②		4.6	5.1	5.9	6.9	8.9	11.6	14.6	16.6	19.6	22.5	24.9	27.7	31.4	33.3	38	42.8	51.1
m_{max}	GB/T 6170	2.4	2.8	3.2	4.7	5.2	6.8	8.4	10.8	12.8	14.8	15.8	18	19.4	21.5	23.8	25.6	31
	GB/T 6172.1 GB/T 6174	1.8	2	2.2	2.7	3.2	4	5	6	7	8	9	10	11	12	13.5	15	18
	GB/T 41	—	—	—	5.6	6.4	7.9	9.5	12.2	13.9	15.9	16.9	19	20.2	22.3	24.7	26.4	31.9

① 为 GB/T 41 及 GB/T 6174 的尺寸。

② 为 GB/T 6170 及 GB/T 6172.1 的尺寸。

注：1. A 级用于 D≤16mm，B 级用于 D>16mm 的螺母。

2. 尽量不采用括号中的尺寸，除表中所列外，还有（M33）、（M49）、（M45）、（M52）和（M60）。

3. GB/T 41 的螺纹规格为 M5 ~ M60；GB/T 6174 的螺纹规格为 M1.6 ~ M10。

附表 E-7　圆螺母（GB/T 812—1988）　　　（单位：mm）

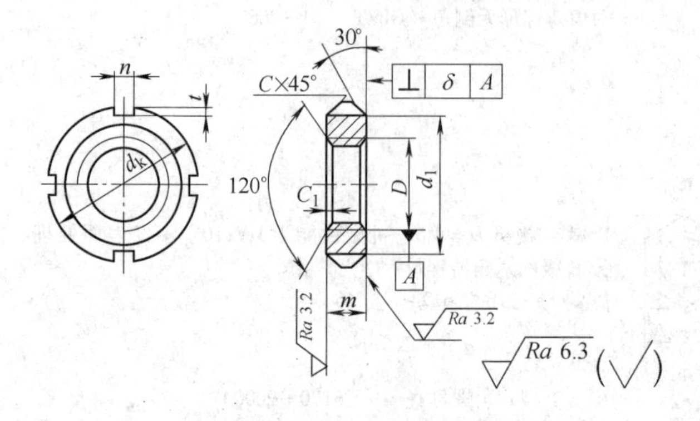

标记示例

螺纹规格 D = M16 × 1.5、材料为 45 钢、槽或全部热处理后硬度 35 ~ 45HRC、表面氧化的圆螺母：

螺母（GB/T 812—1988 M16 × 1.5）

<table>
<tr><th>D</th><th>d_k</th><th>d_1</th><th>m</th><th>n</th><th>t</th><th>C</th><th>C_1</th><th>D</th><th>d_k</th><th>d_1</th><th>m</th><th>n</th><th>t</th><th>C</th><th>C_1</th></tr>
<tr><td>M10×1</td><td>22</td><td>16</td><td rowspan="6">8</td><td rowspan="3">4</td><td rowspan="3">2</td><td rowspan="7">0.5</td><td rowspan="22">0.5</td><td>M64×2</td><td>95</td><td>84</td><td rowspan="3">12</td><td rowspan="2">8</td><td rowspan="2">3.5</td><td rowspan="19">1.5</td><td rowspan="19">1</td></tr>
<tr><td>M12×1.25</td><td>25</td><td>19</td><td>M65×2*</td><td>95</td><td>84</td></tr>
<tr><td>M14×1.5</td><td>28</td><td>20</td><td>M68×2</td><td>100</td><td>88</td><td rowspan="6">10</td><td rowspan="6">4</td></tr>
<tr><td>M16×1.5</td><td>30</td><td>22</td><td rowspan="8">5</td><td rowspan="8">2.5</td><td>M72×2</td><td>105</td><td>93</td><td rowspan="5">15</td></tr>
<tr><td>M18×1.5</td><td>32</td><td>24</td><td>M75×2*</td><td>105</td><td>93</td></tr>
<tr><td>M20×1.5</td><td>35</td><td>27</td><td>M76×2</td><td>110</td><td>98</td></tr>
<tr><td>M22×1.5</td><td>38</td><td>30</td><td rowspan="12">10</td><td>M80×2</td><td>115</td><td>103</td></tr>
<tr><td>M24×1.5</td><td>42</td><td>34</td><td rowspan="7">1</td><td>M85×2</td><td>120</td><td>108</td></tr>
<tr><td>M25×1.5*</td><td>42</td><td>34</td><td>M90×2</td><td>125</td><td>112</td><td rowspan="5">18</td><td rowspan="4">12</td><td rowspan="4">5</td></tr>
<tr><td>M27×1.5</td><td>45</td><td>37</td><td>M95×2</td><td>130</td><td>117</td></tr>
<tr><td>M30×1.5</td><td>48</td><td>40</td><td>M100×2</td><td>135</td><td>122</td></tr>
<tr><td>M33×1.5</td><td>52</td><td>43</td><td rowspan="7">6</td><td rowspan="7">3</td><td>M105×2</td><td>140</td><td>127</td></tr>
<tr><td>M35×1.5*</td><td>52</td><td>43</td><td>M110×2</td><td>150</td><td>135</td><td rowspan="6">14</td><td rowspan="6">6</td></tr>
<tr><td>M36×1.5</td><td>55</td><td>46</td><td>M115×2</td><td>155</td><td>140</td><td rowspan="4">22</td></tr>
<tr><td>M39×1.5</td><td>58</td><td>49</td><td rowspan="10">1.5</td><td>M120×2</td><td>160</td><td>145</td></tr>
<tr><td>M40×1.5*</td><td>58</td><td>49</td><td>M125×2</td><td>165</td><td>150</td></tr>
<tr><td>M42×1.5</td><td>62</td><td>53</td><td>M130×2</td><td>170</td><td>155</td></tr>
<tr><td>M45×1.5</td><td>68</td><td>59</td><td>M140×2</td><td>180</td><td>165</td><td rowspan="4">26</td></tr>
<tr><td>M48×1.5</td><td>72</td><td>61</td><td rowspan="6">12</td><td rowspan="6">8</td><td rowspan="6">3.5</td><td>M150×2</td><td>200</td><td>180</td><td rowspan="6">16</td><td rowspan="6">7</td></tr>
<tr><td>M50×1.5*</td><td>72</td><td>61</td><td>M160×2</td><td>210</td><td>190</td><td rowspan="5">2</td><td rowspan="5">1.5</td></tr>
<tr><td>M52×1.5</td><td>78</td><td>67</td><td>M170×3</td><td>220</td><td>200</td></tr>
<tr><td>M55×2*</td><td>78</td><td>67</td><td>M180×3</td><td>230</td><td>210</td><td rowspan="3">30</td></tr>
<tr><td>M56×2</td><td>85</td><td>74</td><td rowspan="2">1</td><td>M190×3</td><td>240</td><td>220</td></tr>
<tr><td>M60×2</td><td>90</td><td>79</td><td>M200×3</td><td>250</td><td>230</td></tr>
</table>

注：1. 槽数 n：当 D≤M100×2 时，n = 4；当 D≥M105×2 时，n = 6。

2. 带 * 号者为仅用滚动轴承锁紧装置。

附表 E-8　平垫圈的基本规格（摘自 GB/T 848—2002，GB/T 97.1、97.2—2002）　（单位：mm）

小垫圈 A 级（摘自 GB/T 848—2002）
平垫圈 A 级（摘自 GB/T 97.1—2002）

平垫圈—倒角型—A 级（摘自 GB/T 97.2—2002）

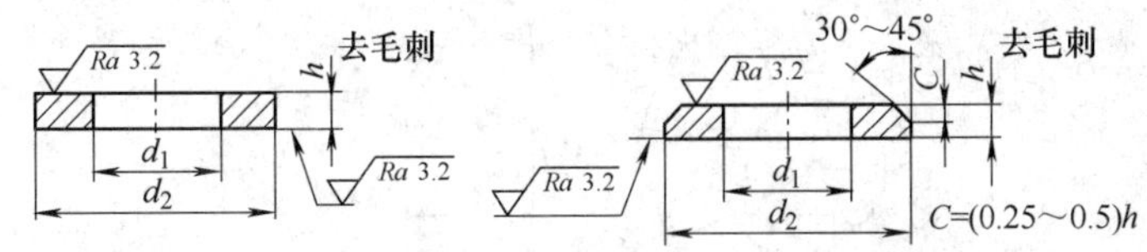

标准系列，公称尺寸 d = 8mm、性能等级为 140HV 级，不经表面处理的平垫圈标记为：
垫圈　GB/T 97.1—2002　8—140HV

<table>
<tr><th colspan="2">公称尺寸（螺纹规格）d</th><th>4</th><th>5</th><th>6</th><th>8</th><th>10</th><th>12</th><th>14</th><th>16</th><th>20</th><th>24</th><th>30</th><th>36</th></tr>
<tr><td rowspan="3">$d_{1公称min}$</td><td>GB/T 848—2002</td><td rowspan="2">4.3</td><td rowspan="3">5.3</td><td rowspan="3">6.4</td><td rowspan="3">8.4</td><td rowspan="3">10.5</td><td rowspan="3">13</td><td rowspan="3">15</td><td rowspan="3">17</td><td rowspan="3">21</td><td rowspan="3">25</td><td rowspan="3">31</td><td rowspan="3">37</td></tr>
<tr><td>GB/T 97.1—2002</td></tr>
<tr><td>GB/T 97.2—2002</td><td>—</td></tr>
<tr><td rowspan="3">$d_{2公称max}$</td><td>GB/T 848—2002</td><td>8</td><td>9</td><td>11</td><td>15</td><td>18</td><td>20</td><td>24</td><td>28</td><td>34</td><td>39</td><td>50</td><td>60</td></tr>
<tr><td>GB/T 97.1—2002</td><td>9</td><td rowspan="2">10</td><td rowspan="2">12</td><td rowspan="2">16</td><td rowspan="2">20</td><td rowspan="2">24</td><td rowspan="2">28</td><td rowspan="2">30</td><td rowspan="2">37</td><td rowspan="2">44</td><td rowspan="2">56</td><td rowspan="2">66</td></tr>
<tr><td>GB/T 97.2—2002</td><td>—</td></tr>
<tr><td rowspan="3">$h_{公称}$</td><td>GB/T 848—2002</td><td>0.5</td><td rowspan="3">1</td><td colspan="3">1.6</td><td>2</td><td colspan="2">2.5</td><td>3</td><td colspan="2" rowspan="3">4</td><td rowspan="3">5</td></tr>
<tr><td>GB/T 97.1—2002</td><td>0.8</td><td colspan="2" rowspan="2">1.6</td><td rowspan="2">2</td><td colspan="3" rowspan="2">2.5</td><td rowspan="2">3</td></tr>
<tr><td>GB/T 97.2—2002</td><td>—</td></tr>
</table>

附表 E-9　弹簧垫圈的基本规格（摘自 GB/T 93—1987，GB/T 859—1987）（单位：mm）

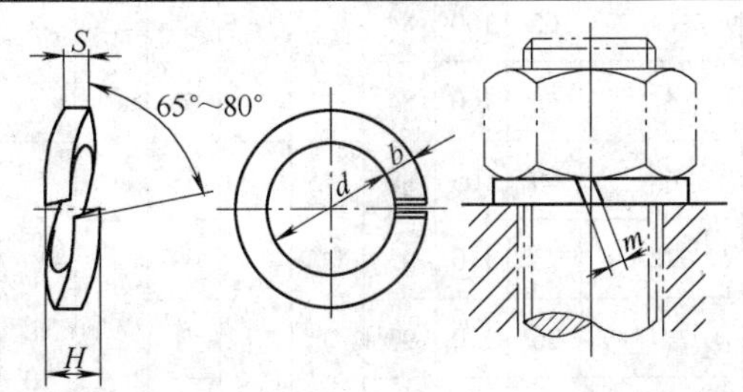

标记示例
规格 16mm，材料 65Mn、表面氧化的标准型弹簧垫圈
垫圈　GB/T 859—1987　16

规格（螺纹大径）	d	GB/T 93—1987		GB/T 859—1987		
		S = b	m′≤	S	b	m′≤
3	3.1	0.8	0.4	0.6	1	0.3
4	4.1	1.1	0.55	0.8	1.2	0.4
5	5.1	1.3	0.65	1.1	1.5	0.55
6	6.2	1.6	0.8	1.3	2	0.65
8	8.2	2.1	1.05	1.6	2.5	0.8
10	10.2	2.6	1.3	2	3	1.0
12	12.3	3.1	1.55	2.5	3.5	1.25
(14)	14.3	3.6	1.8	3	4	1.5
16	16.3	4.1	2.05	3.2	4.5	1.6
(18)	18.3	4.5	2.25	3.6	5	1.8
20	20.5	5	2.5	4	5.5	2.0
(22)	22.5	5.5	2.75	4.5	6	2.25
24	24.5	6.0	3	5	7	2.5
(27)	27.5	6.8	3.4	5.5	8	2.75
30	30.5	7.5	3.75	6	9	30
36	36.5	9	4.5	—	—	—

附表 E-10　圆螺母用止动垫圈（摘自 GB/T 858—1988）　　（单位：mm）

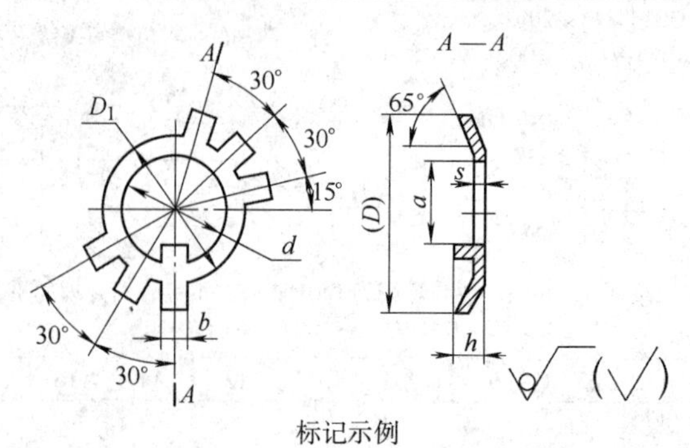

标记示例

规格 16mm，材料 Q235、经退火表面氧化的圆螺母止动垫圈

垫圈　GB/T　858—1988　16

规格（螺纹大径）	d	(D)	D_1	S	b	a	h	轴端	
								b_1	t
14	14.5	32	30	1	3.8	11	3	4	10
16	16.5	34	22		4.8	13		5	12
18	18.5	35	24			15	4		14
20	20.5	38	27			17			16
22	22.5	42	30			19			18
24	24.5	45	34			21			20
25 *	25.5	45	34			22			—
27	27.5	48	37			24	5		23
30	30.5	52	40			27			26
33	33.5	56	43	1.5	5.7	30		6	29
35 *	35.5	56	43			32			—
36	36.5	60	46			33			32
39	39.5	62	49			36			35
40 *	40.5	62	49			37			—
42	42.5	66	53			39			38
45	45.5	72	59			42			41
48	48.5	76	61		7.7	45		8	44
50 *	50.5	76	61			47			—
52	52.5	82	67			49	6		48

规格（螺纹大径）	d	(D)	D_1	S	b	a	h	轴端	
								b_1	t
55 *	56	82	67	1.5	7.7	52	6	8	—
56	57	90	74			53			52
60	61	94	79			57			56
64	65	100	84			61			60
65 *	66	100	84			62			—
68	69	105	88		9.6	65		10	64
72	73	110	93			69	7		68
75 *	76	110	93			71			—
76	77	115	98			72			70
80	81	120	103			76			74
85	86	125	108			81			79
90	91	130	112	2	11.6	86		12	84
95	96	135	117			91			89
100	101	140	122			96			94
105	106	145	127			101			99
110	111	156	135		13.5	106		14	104
115	116	160	140			111			109
120	121	166	145			116			114
125	126	170	150			121			119

注：标有 * 仅用于滚动轴承锁紧装置。

附表 E-11　普通平键的基本规格（摘自 GB/T 1095、1096—2003）　（单位：mm）

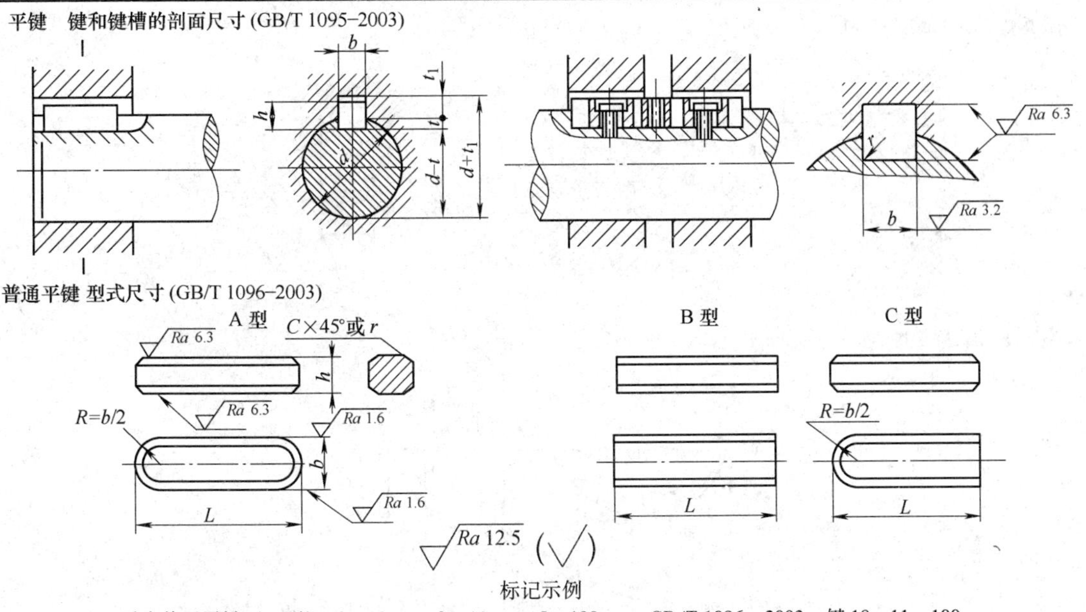

标记示例

平头普通平键（A 型）、$b=18$mm、$h=11$mm、$L=100$mm　GB/T 1096—2003　键 18×11×100

平头普通平键（B 型）、$b=18$mm、$h=11$mm、$L=100$mm　GB/T 1096—2003　键 B18×11×100

单圆头普通平键（C 型）、$b=18$mm、$h=11$mm、$L=100$mm　GB/T 1096—2003　键 C18×11×100

轴	键	键槽											
轴颈 d	公称尺寸 $b\times h$	宽度 b						深度				半径 r	
		公称尺寸 b	极限偏差					轴 t		毂 t_1			
			较松键连接		一般键连接		较紧键连接						
			轴 H9	毂 D10	轴 N9	毂 JS9	轴和毂 P9	公称	偏差	公称	偏差	最小	最大
≥6~8	2×2	2	+0.025 0	+0.060 +0.020	-0.004 -0.029	±0.0125	-0.006 -0.031	1.2	+0.1 0	1.0	+0.1 0	0.08	0.16
>8~10	3×3	3						1.8		1.4			
>10~12	4×4	4	+0.030 0	+0.078 +0.030	0 -0.030	±0.015	-0.012 -0.042	2.5		1.8			
>12~17	5×5	5						3.0		2.3			
>17~22	6×6	6						3.5		2.8		0.16	0.25
>22~30	8×7	8	+0.036 0	+0.098 +0.040	0 -0.036	±0.018	-0.015 -0.051	4.0	+0.2 0	3.3	+0.2 0		
>30~38	10×8	10						5.0		3.3		0.25	0.40
>38~44	12×8	12	+0.043 0	+0.120 +0.050	0 -0.043	±0.0215	-0.018 -0.061	5.0		3.3			
>44~50	14×9	14						5.5		3.8			
>50~58	16×10	16						6.0		4.3			
>58~65	18×11	18						7.0		4.4			
>65~75	20×12	20	+0.052 0	+0.149 +0.065	0 -0.052	±0.026	0.022 -0.074	7.5		4.9		0.40	0.60
>75~85	22×14	22						9.0		5.4			
>85~95	25×14	25						9.0		5.4			
>95~105	26×16	28						10.0		6.4			

注：1. $d-t$ 和 $d+t_1$ 两组组合尺寸的偏差按相应的 t 和 t_1 的极限偏差选取，但 $d-t$ 偏差值应取负号（-）。

2. 对于键，b 的偏差取 h9，h 的偏差取 h11，L 的偏差取 h14。

3. 长度（L）系列为：6.8，10，12，14，16，18，20，22，25，28，32，35，40，45，50，55，60，70，80，90，100，…，500。

附表 E-12 半圆键（摘自 GB/T 1098、1099—2003） （单位：mm）

半圆键 键和键槽的剖面尺寸 (GB/T 1098—2003)

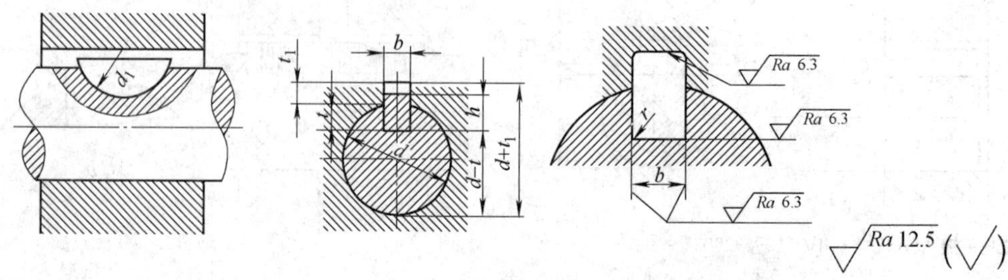

半圆键 型式尺寸 (GB/T 1099—2003)

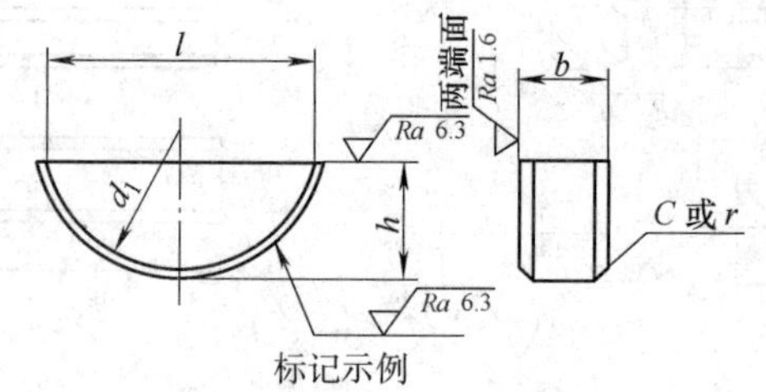

标记示例

$b=18$mm、$h=10$mm、$d_1=25$mm 的半圆键　　键　6×25　GB/T 1099—2003

轴颈 d		键	键槽									
			宽度 b				深度				半径 r	
键传递转矩	键定位用	公称尺寸 $b>h>d_1$	公称尺寸	极限偏差			轴 t		毂 t_1			
				一般键连接		较紧键连接						
				轴 N9	毂 JS9	轴和毂 P9	公称尺寸	极限偏差	公称尺寸	极限偏差	最小	最大
自 3～4	自 3～4	1.0×1.4×4	1.0	-0.004 -0.029	±0.012	-0.006 -0.031	1.0	+0.1 0	0.6	0.1	0.08	0.16
>4～5	>4～6	1.5×2.6×7	1.5				2.0		0.8			
>5～6	>6～8	2.0×2.6×7	2.0				1.8		1.0			
>6～7	>8～10	2.0×3.7×10	2.0				2.9		1.0			
>7～8	>10～12	2.5×3.7×10	2.5				2.7		1.2			
>8～10	>12～15	3.0×5.0×12	3.0				3.8	+0.2 0	1.4			
>10～12	>15～18	3.0×6.5×16	3.0				5.3		1.4		0.16	0.25
>12～14	>18～20	4.0×6.5×16	4.0	0 -0.030	±0.015	-0.012 -0.042	5.0		1.8	0		
>14～16	>20～22	4.0×7.5×19	4.0				6.0		1.8			
>16～18	>22～25	5.0×6.5×16	5.0				4.5		2.3			
>18～20	>25～28	5.0×7.5×19	5.0				5.5		2.3			
>20～22	>28～32	5.0×9.0×22	5.0				7.0		2.3			
>22～25	>32～36	6.0×9.0×22	6.0				6.5		2.8			
>25～28	>36～40	6.0×10.0×25	6.0				7.5	+0.3 0	2.8			
>28～32	40	8.0×11.0×28	8.0	0 -0.036	±0.018	-0.015 -0.051	8.0		3.3	+0.2 0	0.25	0.4
>32～38	—	10.0×13.0×32	10.0				10.0		3.3			

注：$d-t$ 和 $d+t_1$ 两个组合尺寸的极限偏差按相应的 t 和 t_1 的极限偏差选取，但 $d-t$ 极限偏差值应取负号。

附表 E-13　圆锥销 I

（单位：mm）

圆锥销（GB/T 117—2000）

A 型（磨削）：锥面表面粗糙度值 $Ra=0.8\mu m$

B 型（切削或冷镦）：锥面表面粗糙度值 $Ra=3.2\mu m$

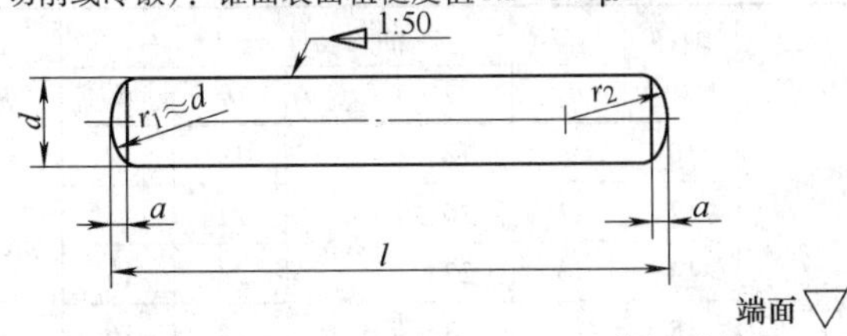

$$r_2=\frac{a}{2}+d+\frac{(0.02l)^2}{8a}$$

标记示例

公称直径 $d=6$mm、公称长度 $l=30$mm、材料为 35 钢、热处理硬度 28～38HRC、表面发蓝、发黑处理 A 型圆锥销的标记：

销　GB/T　117　6×30

d(h10)	0.6	0.8	1	1.2	1.5	2	2.5	3	4	5	6	8	10	12	16	20	25	30	40	50
a	0.08	0.1	0.12	0.16	0.2	0.25	0.3	0.4	0.5	0.63	0.8	1	1.2	1.6	2	2.5	3	4	5	6.3
商品规格 l	4～8	5～12	6～16	6～20	8～24	10～35	10～35	12～45	14～55	18～60	22～90	22～120	26～160	32～180	40～200	45～200	50～200	55～200	60～200	65～200
l 系列	2，3，4，5，6，8，10，12，14，16，18，20，22，24，26，28，30，32，35，40，45，50，55，60，65，70，75，80，85，90，95，100，120，140，160，180，200																			
技术条件 材料	易切钢；Y12、Y15；碳素钢；35、45；合金钢；30CrMnSiA；不锈钢；1Cr13、2Cr13、Cr17Ni2、0Cr18Ni9Ti																			
技术条件 表面处理	①钢：不经处理；氧化；磷化；镀锌钝化。②不锈钢：简单处理。③其他表面镀层活表面处理，由供需双方协议。④所有公差仅适用于涂、镀前的公差。																			

注：1. d 的其他公差，如 a11、c11、f8 由供需双方协议。

2. 工程长度大于 200mm 时按 20mm 递增。

附表 E-14　圆柱销 Ⅱ

（单位：mm）

圆柱销 不淬硬钢和奥氏体不锈钢（GB/T 119.1—2000）

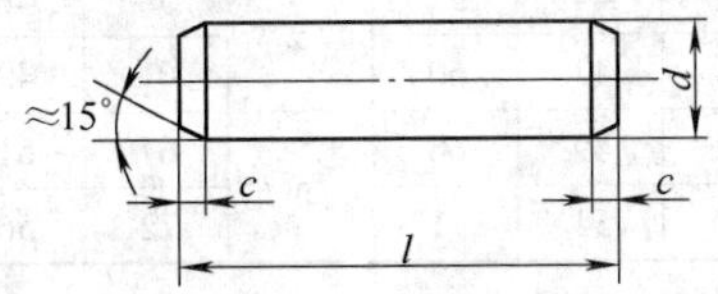

圆柱销　淬硬钢和马氏体不锈钢（GB/T 119.2—2000）

末端形状，由制造者确定

允许倒圆或凹穴

c

l

标记示例

公称直径 $d=6$mm、其公差为 m6、公称长度 $l=30$mm、材料为钢、不经淬火、不经表面处理的圆柱销：

销　GB/T 119.1　6m6×30

公称直径 $d=6$mm、其公差为 m6、公称长度 $l=30$mm、材料为 A1 组奥氏体不锈钢、表面简单处理的圆柱销：

销　GB/T 119.1　6m6×30—A1

标记示例

公称直径 $d=6$mm、其公差为 m6、公称长度 $l=30$mm、材料为钢、普通淬火（A 型）、表面氧化处理的圆柱销：

销　GB/T 119.1　6×30

公称直径 $d=6$mm、其公差为 m6、公称长度 $l=30$mm、材料为 C1 组马氏体不锈钢、表面简单处理的圆柱销：

销　GB/T 119.1　6×30—C1

d(m6/h8)	0.6	0.8	1	1.2	1.5	2	2.5	3	4	5	6	8	10	12	16	20	25	30	40	50
c	0.12	0.16	0.2	0.25	0.3	0.35	0.4	0.5	0.63	0.8	1.2	1.6	2	2.5	3	3.5	4	5	6.3	8
商品规格 l	2～6	2～8	4～10	4～12	4～16	6～20	6～24	8～30	8～40	10～50	12～60	14～80	18～95	22～140	26～180	35～200	50～200	60～200	80～200	95～200
1m 长的重量/kg	0.002	0.004	0.006	—	0.014	0.024	0.037	0.054	0.097	0.147	0.221	0.395	0.611	0.887	1.57	2.42	3.83	5.52	9.64	15.2
l 系列	2，3，4，5，6，8，10，12，14，16，18，20，22，24，26，28，30，32，35，40，45，50，55，60，65，70，75，80，85，90，95，100，120，140，160，180，200																			
技术条件 材料	GB/T 119.1 钢：奥氏体不锈钢 A1。GB/T 119.2 钢：A 型，普通淬火；B 型，表面淬火；马氏体不锈钢 C1																			
技术条件 表面粗糙度	GB/T 119.1　公差 m6：$Ra\leqslant 0.8\mu m$；h8: $Ra\leqslant 1.6\mu m$。GB/T 119.2　$Ra\leqslant 0.8\mu m$																			
技术条件 表面处理	①钢：不经处理；氧化；磷化；镀锌钝化。②不锈钢：简单处理。③其他表面镀层或表面处理，应由供需双方协议。④所有公差仅适用于涂镀前的公差																			

注：1. d 的其他公差由供需双方协议。

2. 根据 GB/T 119.2，d 的尺寸范围为 1～20mm。

3. 公称长度大于 200mm（GB/T 119.1），大于 100mm（GB/T 119.2），按 20mm 递增。

附录F　密　封　件

附表 F-1　毡圈油封及沟槽（FZ/T 92010—1991 摘录）　（单位：mm）

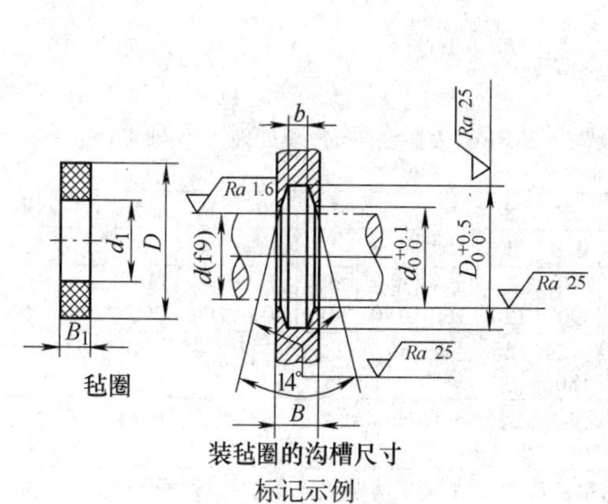

毡圈

装毡圈的沟槽尺寸

标记示例

毡圈 40　FZ/T 92010—1991

（d=40 的毡圈）

材料：半粗羊毛毡

轴径	油封毡圈					沟槽	
d	d_1	D	B_1	D_0	d_0	b	B
10	9	18	2.5	19	11	2	3
12	11	20		21	13		
14	13	22		23	15		
15	14	23		24	16		
16	15	26	3.5	27	17	3	4.3
18	17	28		29	19		
20	19	30		31	21		
22	21	32		33	23		
25	24	37	5	38	26	4	5.5
28	27	40		41	29		
30	29	42		43	31		
32	31	44		45	33		
35	34	47		48	36		
38	37	50		51	39		
40	39	52		53	41		
42	41	54		55	43		
45	44	57	5	58	46	4	5.5
48	47	60		61	49		
50	49	66	5	67	51	5	7.1
55	54	71		72	56		

注：本标准适用于线速度 $v<5\text{m/s}$。

附表 F-2　O 形橡胶密封圈（摘自 GB 3452.1—2005）　（单位：mm）

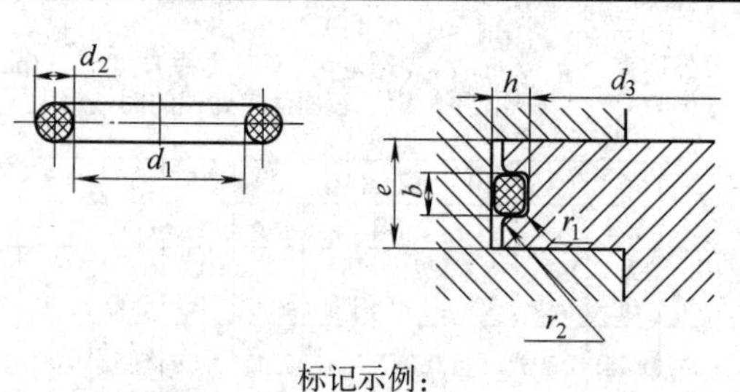

标记示例：

40×3.55G　GB/T 3452.1—2005

（内径 d_1=40.0　截面直径 d_2=3.55 的通用 O 形密封圈）

沟槽尺寸（GB/T 3452.3—88）					
d_2	$b^{+0.25}_{0}$	$h^{+0.10}_{0}$	d_3	r_1	r_2
1.8	2.4	1.38	$^{0}_{-0.04}$	0.2～0.4	0.1～0.3
2.65	3.6	2.07	$^{0}_{-0.05}$	0.4～0.8	
3.55	4.8	2.74	$^{0}_{-0.06}$		
5.3	7.1	4.19	$^{0}_{-0.07}$	0.8～1.2	
7	9.5	5.67	$^{0}_{-0.09}$		

（续）

内径 d_1	截面直径 d_2 极限偏差	1.80 ±0.08	2.65 ±0.09	3.55 ±0.10
13.2	±0.17	*	*	
14.0		*	*	
15.0		*	*	
16.0		*	*	
17.0		*	*	
18.0		*	*	*
19.0	±0.22	*	*	*
20.0		*	*	*
21.2		*	*	*
22.4		*	*	*
23.6		*	*	*
25.0		*	*	*
25.8		*	*	*
26.5		*	*	*
28.0		*	*	*
30.0		*	*	*
31.5	±0.30	*	*	*
32.5			*	*

内径 d_1	截面直径 d_2 极限偏差	2.65 ±0.09	3.55 ±0.10	5.30 ±0.13
56.0	±0.44	*	*	*
58.0		*	*	*
60.0		*	*	*
61.5		*	*	*
63.0		*	*	*
65.0	±0.53		*	*
67.0		*	*	*
69.0			*	*
71.0		*	*	*
73.0			*	*
75.0		*	*	*
77.5			*	*
80.0		*	*	*
82.5	±0.65		*	*
85.0		*	*	*
87.5			*	*
90.0		*	*	*
92.5			*	*

内径 d_1	截面直径 d_2 极限偏差	1.80 ±0.08	2.65 ±0.09	3.55 ±0.10	5.30 ±0.13
33.5	±0.30		*	*	
34.5		*	*	*	
35.5			*	*	
36.5		*	*	*	
37.5			*	*	
38.7		*	*	*	
40.0			*	*	*
41.2	±0.36		*	*	*
42.5		*	*	*	*
43.7			*	*	*
45.0			*	*	*
46.2		*	*	*	*
47.5			*	*	*
48.7			*	*	*
50.0		*	*	*	*
51.5	±0.44		*	*	*
53.0			*	*	*
54.5			*	*	*

内径 d_1	截面直径 d_2 极限偏差	2.65 ±0.09	3.55 ±0.10	5.30 ±0.13	7.0 ±0.15
95.0	±0.65	*	*	*	
97.5			*	*	
100		*	*	*	
103			*	*	
106		*	*	*	
109			*	*	*
112		*	*	*	*
115			*	*	*
118		*	*	*	*
122	±0.90		*	*	*
125		*	*	*	*
128			*	*	*
132		*	*	*	*
136			*	*	*
140		*	*	*	*
145			*	*	*
150		*	*	*	*
155			*	*	*

附表 F-3　J 形无骨架橡胶油封（摘自 HG 4－338—1996）　　（单位：mm）

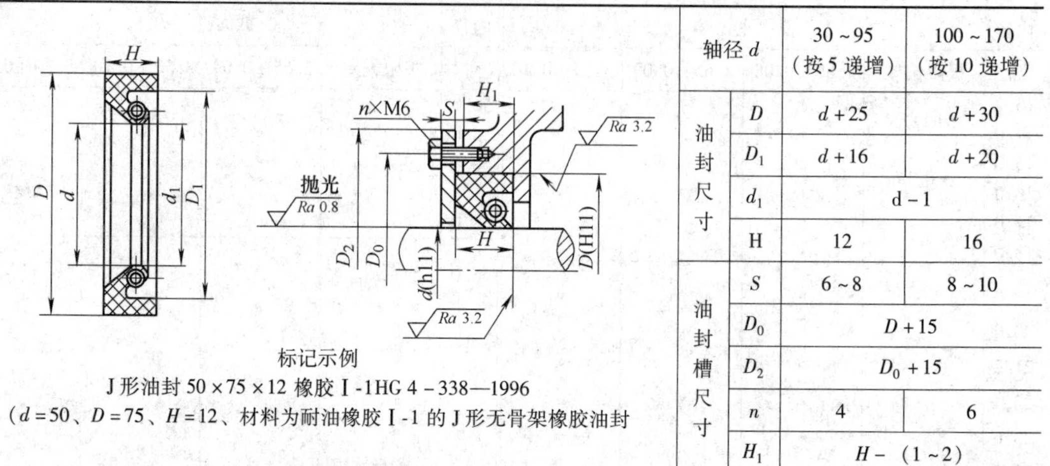

标记示例

J 形油封 50×75×12 橡胶Ⅰ-1HG 4－338—1996

（d＝50、D＝75、H＝12、材料为耐油橡胶Ⅰ-1 的 J 形无骨架橡胶油封

轴径 d		30～95（按 5 递增）	100～170（按 10 递增）
油封尺寸	D	$d+25$	$d+30$
	D_1	$d+16$	$d+20$
	d_1	$d-1$	
	H	12	16
油封槽尺寸	S	6～8	8～10
	D_0	$D+15$	
	D_2	D_0+15	
	n	4	6
	H_1	$H-$（1～2）	

附表 F-4　旋转轴唇形密封圈的形式、尺寸及其安装要求（摘自 GB/T 13871.1—2007）

（单位：mm）

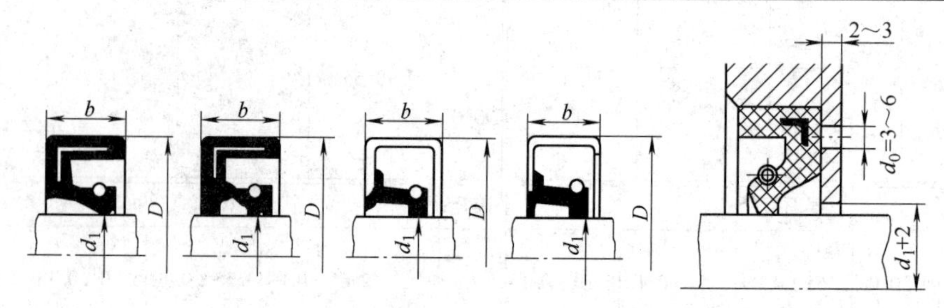

B 型 内包骨架型　　FB 型 带副唇内包骨架型　　W 型 外露骨架型　　FW 型 带副唇外露骨架型　　安装图

标记示例

（F） B 120 150 GB/T 13871.1—2007

（带副唇的内包骨架型旋转轴唇形密封圈，d_1＝120，D＝150）

d_1	D	b	d_1	D	b	d_1	D	b
6	16，22	7	25	40，47，52	7	55	72，(75)，80	8
7	22		28	40，47，52		60	80，85	
8	22，24		30	42，47，(50)		65	85，90	10
9	22		30	52	8	70	90，95	
10	22，25		32	45，47，52		75	95，100，	
12	24，25，30		35	50，52，55		80	100，110	
15	26，30，35		38	52，58，62		85	110，120	12
16	30，(35)		40	55，(60)，62		90	(115)，120	
18	30，35		42	55，62		95	120	
20	35，40，(45)		45	62，65，		100	125	
22	35，40，47		50	68，(70)，72		105	(130)	

（续）

旋转轴唇形密封圈的安装要求

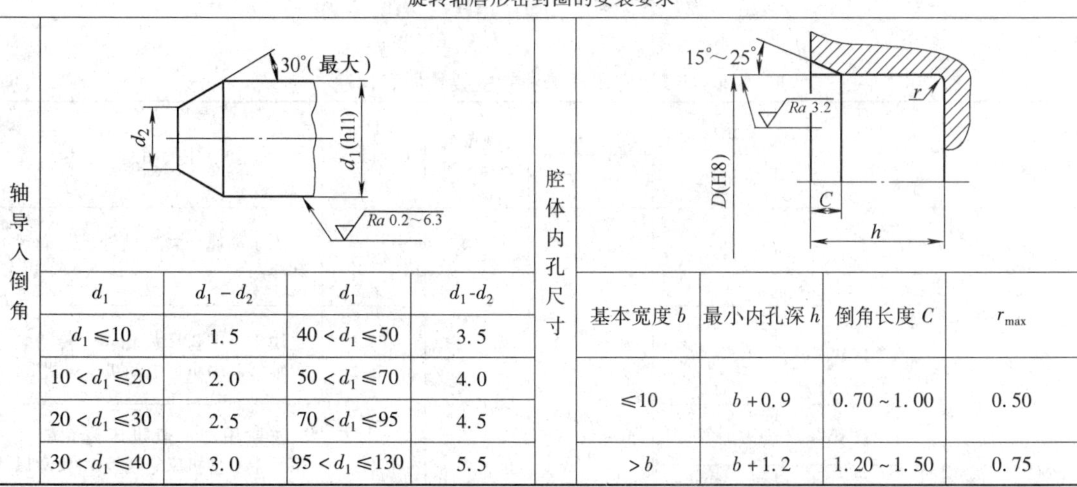

轴导入倒角			
d_1	d_1-d_2	d_1	d_1-d_2
$d_1 \leqslant 10$	1.5	$40<d_1 \leqslant 50$	3.5
$10<d_1 \leqslant 20$	2.0	$50<d_1 \leqslant 70$	4.0
$20<d_1 \leqslant 30$	2.5	$70<d_1 \leqslant 95$	4.5
$30<d_1 \leqslant 40$	3.0	$95<d_1 \leqslant 130$	5.5

腔体内孔尺寸			
基本宽度 b	最小内孔深 h	倒角长度 C	r_{max}
$\leqslant 10$	$b+0.9$	0.70～1.00	0.50
$>b$	$b+1.2$	1.20～1.50	0.75

注：1. 标准中考虑到国内实际情况，除全部采用国际标准的公称尺寸外，还补充了若干种国内常用的规格，并加括号以示区别。

2. 安装要求中若轴端采用倒圆倒入倒角，则倒圆的圆角半径不小于表中的 d_1-d_2 之值。

附表 F-5　油沟式密封槽（摘自 JB/ZQ 4245—1997）　（单位：mm）

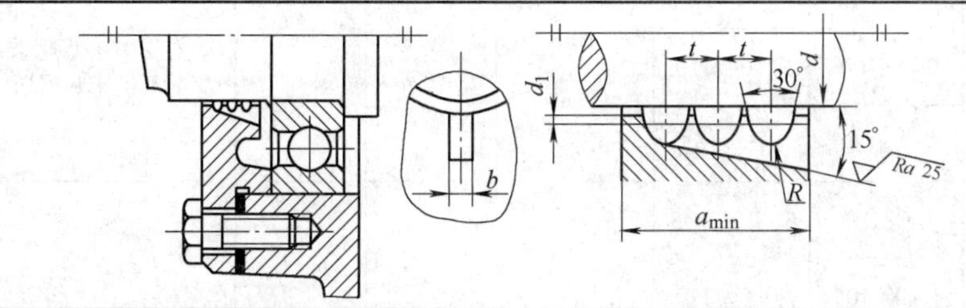

轴径 d	25～80	>80～120	>120～180	油沟数 n
R	1.5	2	2.5	2～4（使用 3 个的情况较多）
t	4.6	6	7.5	
b	4	5	6	
d_1	$d+1$			
a_{min}	$nt+R$			

附表 F-6　迷宫式密封槽　（单位：mm）

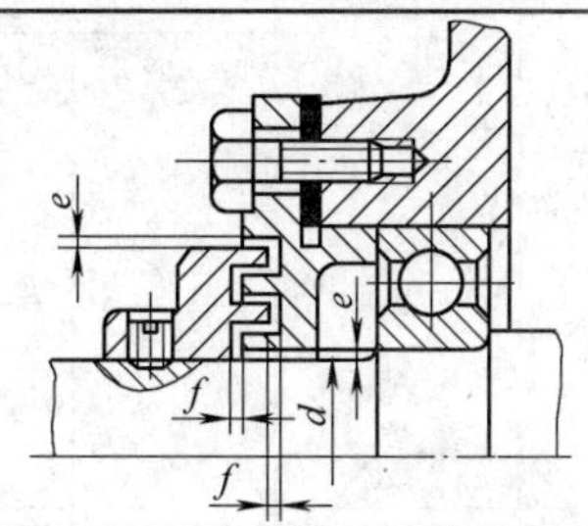

轴径 d	10～50	50～80	80～110	110～180
e	0.2	0.3	0.4	0.5
f	1	1.5	2	2.5

附录G　润　滑　剂

附表 G-1　常用润滑油的主要性质和用途

<table>
<tr><th rowspan="2">名称</th><th rowspan="2">代号</th><th colspan="2">运动粘度/(mm²/s)</th><th rowspan="2">倾点/
≤℃</th><th rowspan="2">闪点
(开口)/
≥℃</th><th rowspan="2">主要用途</th></tr>
<tr><th>40/℃</th><th>100/℃</th></tr>
<tr><td rowspan="8">全损耗系统用油
(GB 443—1989)</td><td>L-AN10</td><td>9.00～11.0</td><td rowspan="8">—</td><td rowspan="8">-5</td><td>130</td><td>用于高速轻载机械轴承的润滑和冷却</td></tr>
<tr><td>L-AN15</td><td>13.5～16.5</td><td rowspan="3">150</td><td>用于小型机床齿轮箱、传动装置轴承、中小型电动机、风机等</td></tr>
<tr><td>L-AN22</td><td>19.8～24.2</td><td rowspan="2">主要用在一般机床齿轮变速箱、中小型机床导轨及100kW以上电动机轴承</td></tr>
<tr><td>L-AN32</td><td>28.8～35.2</td></tr>
<tr><td>L-AN46</td><td>41.4～50.6</td><td rowspan="2">160</td><td>主要用于大型机床和刨床上</td></tr>
<tr><td>L-AN68</td><td>61.2～74.8</td><td rowspan="3">主要用在低速重载的纺织机械及重型机床和锻压、铸造设备上</td></tr>
<tr><td>L-AN100</td><td>90.0～110</td><td rowspan="2">180</td></tr>
<tr><td>L-AN150</td><td>135～165</td></tr>
<tr><td rowspan="11">工业闭式齿轮油
(GB 5903—2011)</td><td>L-CKC68</td><td>61.2～74.8</td><td rowspan="11">—</td><td rowspan="6">-8</td><td rowspan="2">180</td><td rowspan="11">适用于煤炭、水泥、冶金工业部门重型封闭式齿轮传动装置的润滑</td></tr>
<tr><td>L-CKC100</td><td>90.0～110</td></tr>
<tr><td>L-CKC150</td><td>135～165</td><td rowspan="4">200</td></tr>
<tr><td>L-CKC220</td><td>198～242</td></tr>
<tr><td>L-CKC320</td><td>288～352</td></tr>
<tr><td>L-CKC460</td><td>414～506</td></tr>
<tr><td>L-CKC680</td><td>612～748</td><td>-5</td><td>220</td></tr>
<tr><td>L-CKE320</td><td>288～352</td><td rowspan="4">-8</td><td>200</td></tr>
<tr><td>L-CKE460</td><td>414～506</td><td rowspan="3">220</td></tr>
<tr><td>L-CKE680</td><td>612～748</td></tr>
<tr><td>L-CKE1000</td><td>900～1100</td></tr>
<tr><td>10号仪表油
(SH/T 0138—1994)</td><td></td><td>12～14</td><td></td><td>-60
(凝点)</td><td>130</td><td>适用于各种仪表（包括低温下操作）的润滑</td></tr>
</table>

附表 G-2　常用润滑脂的主要性质和用途

名称	代号	滴点/℃不低于	工作锥入度(20℃，150g)1/10mm	主要用途
钙基润滑脂(GB/T 491—2008)	ZG-1	80	310～340	有耐水性能。用于工作温度低于55的各种工农业、交通运输机械设备的轴承润滑，特别是有水或潮湿处
	ZG-2	85	265～295	
	ZG-3	90	220～250	
	ZG-4	95	175～205	
钠基润滑脂(GB 492—1989)	ZN-2	160	265～295	不耐水（或潮湿）。用于工作温度在－10～110℃的一般中负荷机械设备轴承润滑
	ZN-3		220～250	
通用锂基润滑脂(GB/T 7324—2010)	ZL-1	170	310～340	有良好的耐水性和耐热性。适用于温度在－20℃～120℃范围内各种机械的滚动轴承、滑动轴承及其他摩擦部位的润滑
	ZL-2	175	265～295	
	ZL-3	180	220～250	
钙钠基润滑脂(SH/T 0368—1992)	ZGN-2	120	250～290	用于工作温度在80～100℃、有水分或较潮湿环境中工作的机械润滑，多用于铁路机车、列车、小电动机、发电机滚动轴承（温度较高者）的润滑。不适于低温工作
	ZGN-3	135	200～240	
石墨钙基润滑脂(SH/T 0369—1992)	ZG-S	80	—	人字齿轮，起动机、挖掘机的地盘齿轮，矿山机械、绞车钢丝绳等高负荷、高压力、低速度的粗糙机械润滑及一般开式齿轮润滑。能耐潮湿
滚珠轴承脂(SH/T 0386—1992)	ZGN69-2	120	250～290(－40℃时为30)	用于机车、汽车、电动机及其他机械的滚动轴承润滑
7407号齿轮润滑脂(SH/T 0469—1994)		160	75～90	适用于各种低速，中、重载荷齿轮、链和联轴器等的润滑，使用温度≤120℃，可承受冲击载荷
高温润滑脂	7104-1号	280	62～75	适用于高温下各种滚动轴承的润滑，也可也用于一般滑动轴承和齿轮的润滑，适用温度为－40～200℃
工业用凡士林(SH 0039—1990)		54	—	适用于作金属零件、机器的缓蚀，在机械的高温不高和负载不大时，可用作减摩润滑脂

附录H　电　动　机

Y 系列三相异步电动机（摘自 JB/T 10391—2008）

Y 系列电动机的全封面自扇式笼型三相异步电动机，是按照国际电工委员会（IEC）标准设计的，具有国标互换性的特点。用于空气中不含易燃，易爆或腐蚀性气体的场所，适用于无特殊要求的机械上，如机床，泵、风机、运输机、搅拌机、农用机械等。也用于某些需要高起动转矩的机器上，如压缩机。

附表 H-1　Y（IP44）电动机的技术数据

电动机型号	额定功率/kW	满载转速/(r/min)	堵转转矩/额定转矩	最大转矩/额定转矩
同步转速 3000r/min，2 极				
Y801-2	0.75	2825	2.2	2.2
Y802-2	1.1			
Y90S-2	1.5	2840		
Y90L-2	2.2			
Y100L-2	3.0	2880		
Y112M-2	4.0	2890		
Y132S1-2	5.5	2900	2.0	
Y132S2-2	7.5			
Y160M1-2	11	2930		
Y160M2-2	15			
Y160L-2	18.5			
Y180M-2	22	2940		
Y200L1-2	30	2950		
Y200L2-2	37			
Y225M-2	45	2970		
Y250M-2	55			
同步转速 1000r/min，6 极				
Y90S-6	0.75	910	2.0	2.0
Y90L-6	1.1			
Y100L-6	1.5	940		
Y112M-6	2.2			
Y132S－6	3	960		
Y132M1-6	4			
Y132M2-6	5.5			
Y160M－6	7.5	970		

电动机型号	额定功率/kW	满载转速/(r/min)	堵转转矩/额定转矩	最大转矩/额定转矩
同步转速 1000r/min，6 极				
Y160L-6	11	970	2.0	2.0
Y180L-6	15		1.8	
Y200L1-6	18.5			
Y200L2-6	22			
Y225M-6	30	980	1.7	
Y250M-6	37		1.8	
Y280S-6	45			
Y280M-6	55			
同步转速 1500r/min，4 极				
Y801-4	0.55	1390	2.2	2.2
Y802-4	0.75			
Y90S-4	1.1	1400		
Y90L-4	1.5			
Y100L1-4	2.2	1420		
Y100L2-4	3			
Y112M-4	4	1440		
Y132S-4	5.5			
Y132M-4	7.5			
Y160M-4	11	1460		
Y160L-4	15		2.0	
Y180M-4	18.5	1470		
Y180L-4	22			
Y200L-4	30			
Y225S-4	37	1480	1.9	
Y225M-4	45			

（续）

<table>
<tr><th rowspan="2">电动机型号</th><th rowspan="2">额定功率/kW</th><th rowspan="2">满载转速/(r/min)</th><th>堵转转矩</th><th>最大转矩</th></tr>
<tr><th>额定转矩</th><th>额定转矩</th></tr>
<tr><td colspan="5">同步转速 1500r/min，4 极</td></tr>
<tr><td>Y250M-4</td><td>55</td><td rowspan="3">1480</td><td rowspan="3">1.9</td><td rowspan="3">2.2</td></tr>
<tr><td>Y280S-4</td><td>75</td></tr>
<tr><td>Y280M-4</td><td>90</td></tr>
<tr><td colspan="5">同步转速 750r/min，8 极</td></tr>
<tr><td>Y132SM-8</td><td>2.2</td><td rowspan="2">710</td><td rowspan="4">2.0</td><td rowspan="4">2.0</td></tr>
<tr><td>Y132M-8</td><td>3</td></tr>
<tr><td>Y160M1-8</td><td>4</td><td rowspan="2">720</td></tr>
<tr><td>Y160M2-8</td><td>5.5</td></tr>
</table>

<table>
<tr><th rowspan="2">电动机型号</th><th rowspan="2">额定功率/kW</th><th rowspan="2">满载转速/(r/min)</th><th>堵转转矩</th><th>最大转矩</th></tr>
<tr><th>额定转矩</th><th>额定转矩</th></tr>
<tr><td colspan="5">同步转速 750r/min，8 极</td></tr>
<tr><td>Y180L-8</td><td>11</td><td>720</td><td>1.7</td><td rowspan="7">2.0</td></tr>
<tr><td>Y200L-8</td><td>15</td><td rowspan="4">730</td><td>1.8</td></tr>
<tr><td>Y225-S8</td><td>18.5</td><td>1.7</td></tr>
<tr><td>Y225M-8</td><td>22</td><td rowspan="4">1.8</td></tr>
<tr><td>Y250M-8</td><td>30</td></tr>
<tr><td>Y280M-8</td><td>37</td><td rowspan="2">740</td></tr>
<tr><td>Y280M-8</td><td>45</td></tr>
</table>

注：电动机型号意义：以 Y132S2-2-B3 为例，Y 表示系列代号，132 表示机座中心高，S2 表示短机座第二种铁心长度（M—中机座，L—长机座），2 为电动机的极数，B3 表示安装模式。

附表 H-2　Y 系列电动机安装代号

<table>
<tr><td rowspan="2">安装模式</td><td>基本安装型</td><td colspan="5">由 B3 派生安装型</td></tr>
<tr><td>B3</td><td>V5</td><td>V6</td><td>B6</td><td>B7</td><td>B8</td></tr>
<tr><td>示意图</td><td></td><td></td><td></td><td></td><td></td><td></td></tr>
<tr><td>中心高/mm</td><td>80～280</td><td colspan="5">80～160</td></tr>
<tr><td rowspan="2">安装模式</td><td>基本安装型</td><td colspan="2">由 B5 派生安装型</td><td>基本安装型</td><td colspan="2">由 B35 派生安装型</td></tr>
<tr><td>B5</td><td>V1</td><td>V3</td><td>B35</td><td>V15</td><td>V36</td></tr>
<tr><td>示意图</td><td></td><td></td><td></td><td></td><td></td><td></td></tr>
<tr><td>中心高/mm</td><td>80～225</td><td>80～280</td><td>80～160</td><td>80～280</td><td colspan="2">80～160</td></tr>
</table>

附表 H-3　机座带底脚、端盖无凸缘（B3、B6、B7、B8、V5、V6 型）电动机的安装及外形尺寸　（单位：mm）

Y80～Y132　Y160～Y280

机座号	极　数	A	B	C	D		E	F	G	H	K	AB	AC	AD	HD	BB	L
80	2、4	125	100	50	19	+0.009 -0.004	40	6	15.5	80	10	165	165	150	170	130	285
90S	2、4、6	140		56	24		50	8	20	90		180	175	155	190		310
90L			125													155	335
100L		160	140	63	28		60		24	100	12	205	205	180	245	170	380
112M		190		70						112		245	230	190	265	180	400
132S	2、4、6、8	216		89	38	+0.018 -0.002	80	10	33	132		280	270	210	315	200	475
132M			178													238	515
160M		254	210	108	42		110	12	37	160	15	330	325	255	385	270	600
160L			254													314	645
180M		279	241	121	48			14	42.5	180		355	360	285	430	311	670
180L			279													349	710
200L		318	305	133	55	+0.030 -0.011		16	49	200	19	395	400	310	475	379	775
225S	4、8	356	286	149	60		140	18	53	225		435	450	345	530	368	820
225M	2		311		55		110	16	49							393	815
	4、6、8				60		140	18	53								845
250M	2	406	349	168						250	24	490	495	385	575	455	930
	4、6、8				65				58								
280S	2	457	368	190						280		550	555	410	640	530	1000
	4、6、8				75			20	67.5								
280M	2		419		65			18	58							581	1050
	4、6、8				75			20	67.5								

附表 H-4　机座带底脚、端盖有凸缘（V35、V15、V36 型）电动机的安装及外形尺寸　　（单位：mm）

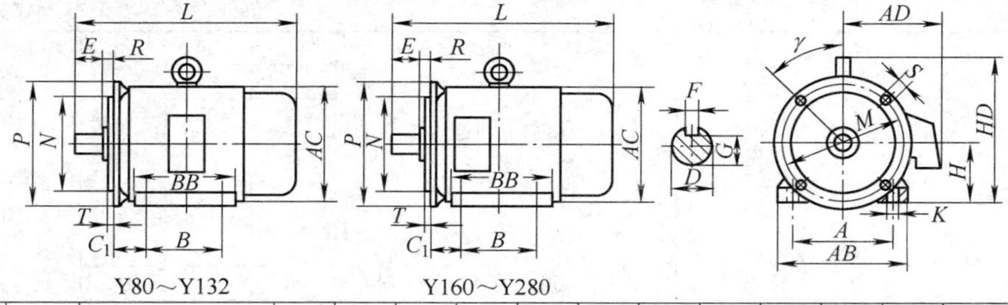

Y80～Y132　　Y160～Y280

机座号	极　数	A	B	C_1	D		E	F	G	H	K	M	N	P	R	S	T	凸缘孔数	AB	AC	AD	HD	BB	L
80	2、4	125	100	50	19	+0.009 −0.004	40	6	15.5	80	10	165	130	200	0	12	3.5	4	165	165	150	170	130	285
90S	2、4、6	140		56	24		50	8	20	90									180	175	155	190		310
90L			125																				155	335
100L		160	140	63	28		60		24	100	12	215	180	250		15	4		205	205	180	245	176	380
112M		190		70						112									245	230	190	265	180	400
132S	2、4、6、8	216		89	38	+0.018 −0.002	80	10	33	132		265	230	300					280	270	210	315	200	475
132M			178																				238	515
160M		254	210	108	42		110	12	37	160	15	300	250	350		19	5		330	325	255	385	270	600
160L			254																				314	645
180M		279	241	121	48			14	42.5	180									355	360	285	430	311	670
180L			279																				349	710
200L		318	305	133	55	+0.030 −0.011		16	49	200	19	350	300	400					395	400	310	475	379	775
225S	4、8	356	286	149	60		140	18	53	225		400	350	450				8	435	450	345	530	368	820
225M	2		311		55		110	16	49														393	815
	4、6、8				60		140	18	53															845
250M	2	406	349	168						250	24	500	450	550					490	495	385	575	455	930
	4、6、8				65				58															
280S	2	457	368	190						280									550	555	410	640	530	1000
	4、6、8				75			20	67.5															
280M	2		419		65			18	58														581	1050
	4、6、8				75			20	67.5															

注：1．Y80 ~ Y200 时，$\gamma=45°$；Y225 ~ Y280 时，$\gamma=22.5°$。

2．N 的极限偏差：130 和 180 为 $^{+0.014}_{-0.011}$；230 和 250 为 $^{+0.016}_{-0.013}$；300 为 ±0.016；350 为 ±0.018；450 为 ±0.020。

附表 H-5　机座不带底脚、端盖有凸缘（B5、V3 型）和立式安装、机座不带底脚、端盖有凸缘，轴身向下（V1 型）电动机的安装及外形尺寸

（单位：mm）

机座号	极　数	D		E	F	G	M	N	P	R	S	T	凸缘孔数	AC	AD	HE（HE）	L（L）
80	2、4	19	+0.009 −0.004	40	6	15.5	165	130	200	0	12	3.5	4	165	150	185	285
90S	2、4、6	24		50	8	20								175	155	19	310
90L																	335
100L		28		60		24	215	180	250		15	4		205	180	245	380
112M														230	190	265	400
132S	2、4、6、8	38	+0.018 +0.002	80	10	33	265	230	300					270	210	315	475
132M																	515
160M		42		110	12	37	300	250	350		19	5		325	255	385	600
160L																	645
180M		48			14	42.5								360	285	430(500)	670(730)
180L																	710(770)
200L		55	+0.030 +0.011		16	49	350	300	400					400	310	480(500)	775(850)
225S	4、8	60		140	18	53	400	350	450				8	450	345	535(610)	820(910)
225M	2	55		110	16	49											815(905)
	4、6、8	60		140	18	53											745(935)
250M	2						500	450	550					495	385	(650)	(1035)
	4、6、8	65				58											
280S	2													555	410	(720)	(1120)
	4、6、8	75			20	67.5											
280M	2	65			18	58											(1170)
	4、6、8	75			20	67.5											

注：1. Y80 ~ Y200 时，$\gamma = 45°$；Y225 ~ Y280 时，$\gamma = 22.5°$。

2. N 的极限偏差：130 和 180 为 $^{+0.014}_{-0.011}$；230 和 250 为 $^{+0.016}_{-0.013}$；300 为 ±0.016；350 为 ±0.018；450 为 ±0.020。

附录I　联　轴　器

附表 I-1　轴孔和键槽的形式、代号及系列尺寸（摘自 GB/T 3852—2008）

	长圆柱形轴孔（Y 型）	有沉孔的短圆柱形轴孔（J 型）	无沉孔的短圆柱形轴孔（J_1 型）	有沉孔的圆锥形轴孔（Z 型）
轴孔	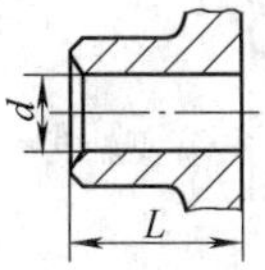 d, L	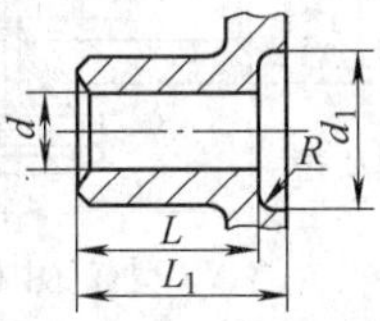 d, d_1, R, L, L_1	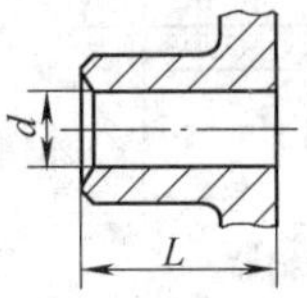 d, L	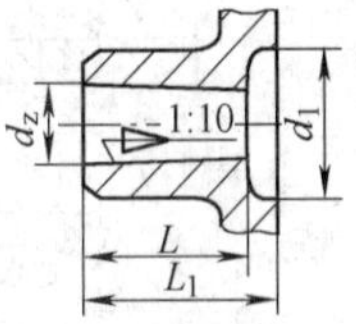 d_z, 1:10, d_1, L, L_1
键槽	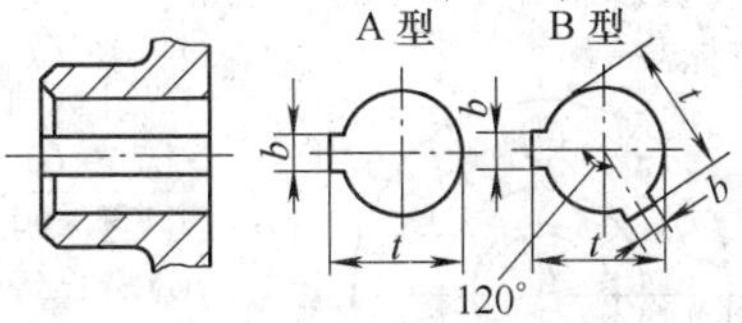 A 型　B 型　b, t, 120°			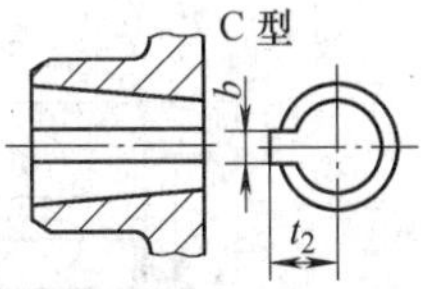 C 型　b, t_2

轴孔和 C 型键槽尺寸

直径	轴孔长度			沉孔		C 型键槽		
d、d_z	L		L_1	d_1	R	b	t_2	
	Y 型	J、J_1、Z 型					公称尺寸	极限偏差
16						3	8.7	
18	42	30	42				10.1	
19				38		4	10.6	
20							10.9	
22	52	38	52		1.5		11.9	
24							13.4	±0.1
25	62	44	62	48		5	13.7	
28							15.2	
30							15.8	
32	82	60	82	55			17.3	
35						6	18.3	
38							20.3	
40				65	2	10	21.2	
42							22.2	
45	112	84	112	80			23.7	±0.2
48						12	25.2	
50				95			26.2	

直径	轴孔长度			沉孔		C 型键槽		
d、d_z	L		L_1	d_1	R	b	t_2	
	Y 型	J、J_1、Z 型					公称尺寸	极限偏差
55	112	84	112	95		14	29.2	
56							29.7	
60							31.7	
63				105		16	32.2	
65	142	107	142		2.5		34.2	
70							36.8	
71				120		18	37.3	
75							39.3	
80				140		20	41.6	±0.2
85	172	132	172				44.1	
90				160		22	47.1	
95					3		49.6	
100				180		25	51.3	
110	212	167	212				56.3	
120				210		28	62.3	
125					4		64.8	
130	252	202	252	235			66.4	

轴孔与轴身的配合、键槽宽度 b 的极限偏差

d、d_z/mm	圆柱形轴孔与轴身的配合		圆锥形轴孔的直径偏差	键槽宽度 b 的极限偏差
6～30	H7/j6	根据使用要求也可选用 H7/r6 或 H7/n6	JS10（圆锥角度及圆锥形状公差应小于直径公差）	P9（或 JS9、D10）
>30～50	H7/k6			
>50	H7/m6			

附表 I-2　凸缘联轴器（摘自 GB/T 5843—2003）

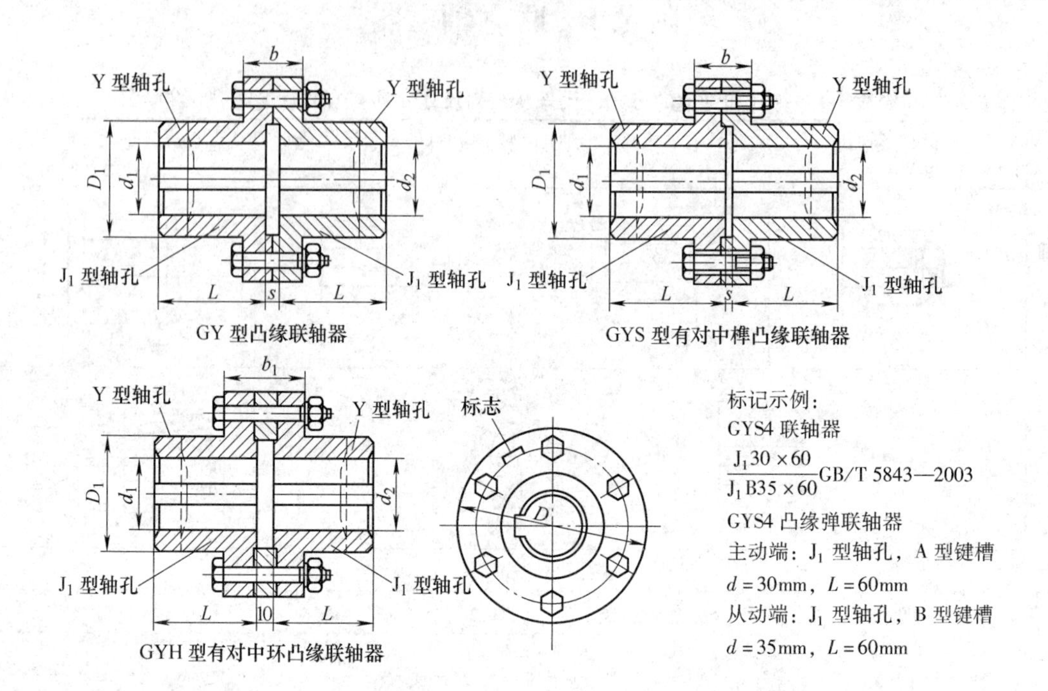

标记示例：

GYS4 联轴器 $\frac{J_1 30\times 60}{J_1 B35\times 60}$ GB/T 5843—2003

GYS4 凸缘弹联轴器

主动端：J_1 型轴孔，A 型键槽

$d=30\text{mm}$，$L=60\text{mm}$

从动端：J_1 型轴孔，B 型键槽

$d=35\text{mm}$，$L=60\text{mm}$

型号	公称转矩 T_n /(N·m)	许用转速 [n]/(r/min)	轴孔直径 d_1、d_2/mm	轴孔长度 L/mm		D /mm	D_1 /mm	b /mm	b_1 /mm	s /mm	质量 m/kg	转动惯量/I (kg·m²)
				Y 型	J_1 型							
GY3 GYS3 GYH3	112	9 500	20、22、24	52	38	100	45	30	46	6	2.38	0.0025
			25、28	62	44							
GY4 GYS4 GYH4	224	9 000	25、28	62	44	105	55	32	48	6	3.15	0.003
			30、32、35	82	60							
GY5 GYS5 GYH5	400	8 000	30、32、35、38	82	60	120	68	36	52	8	5.43	0.007
			40、42	112	84							
GY6 GYS6 GYH6	900	6 800	38	82	60	140	80	40	56	8	7.59	0.015
			40、42、45、48、50	112	84							
GY7 GYS7 GYH7	1 600	6 000	48、50、55、56	112	84	160	100	40	56	8	13.1	0.031
			60、63	142	107							

（续）

型号	公称转矩 T_n /（N·m）	许用转速 [n]/（r/min）	轴孔直径 d_1、d_2/mm	轴孔长度 L/mm		D /mm	D_1 /mm	b /mm	b_1 /mm	s /mm	质量 m/kg	转动惯量/I （kg·m^2）
				Y 型	J_1 型							
GY8 GYS8 GYH8	3 150	4 800	60、63、65 70、71、75	142	107	200	130	50	68	10	27.5	0.103
			80	172	132							
GY9 GYS9 GYH9	6 300	3 600	75	142	107	260	160	66	84	10	47.8	0.319
			80、85、 90、95	172	132							
			100	212	167							

注：质量、转动惯量是按 GY 型联轴器 Y/J_1 轴孔组成形式和最小轴孔直径计算的。

附表 I-3　十字滑块联轴器　　（单位：mm）

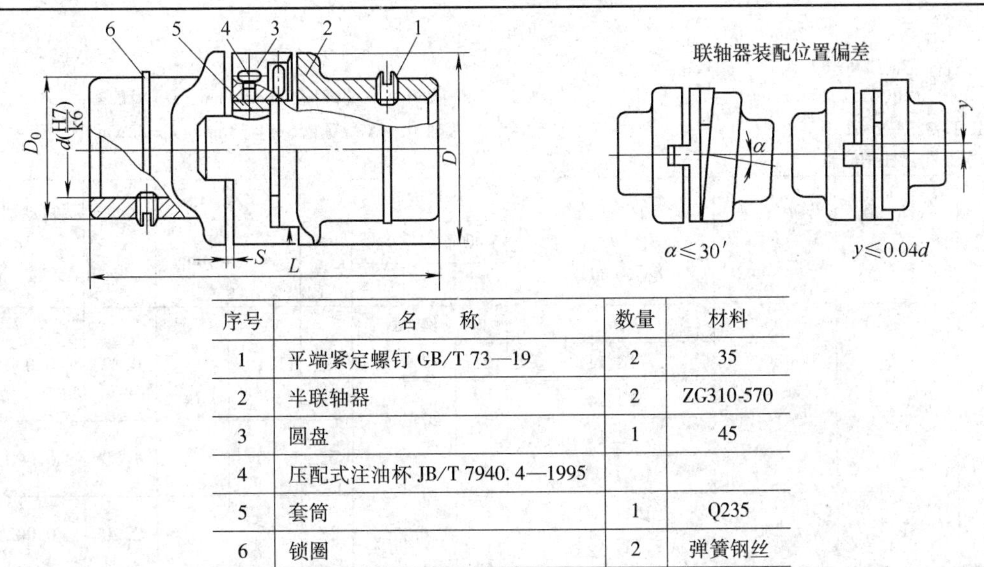

序号	名　称	数量	材料
1	平端紧定螺钉 GB/T 73—19	2	35
2	半联轴器	2	ZG310-570
3	圆盘	1	45
4	压配式注油杯 JB/T 7940.4—1995		
5	套筒	1	Q235
6	锁圈	2	弹簧钢丝

d	许用转矩/（N·m）	许用转速/（r/min）	D_0	D	L	S
15，17，18	120	250	32	70	95	$0.5^{+0.3}_{0}$
20，25，30	250	250	45	90	115	$0.5^{+0.3}_{0}$
36，40	500	250	60	110	160	$0.5^{+0.3}_{0}$
45，50	800	250	80	130	200	$0.5^{+0.3}_{0}$
55，60	1 250	250	95	150	240	$0.5^{+0.3}_{0}$
65，70	2 000	250	105	170	275	$0.5^{+0.3}_{0}$
75，80	3 200	250	115	190	310	$0.5^{+0.3}_{0}$
85，90	5 000	250	130	210	355	$1.0^{+0.5}_{0}$
95，100	8 000	250	140	240	395	$1.0^{+0.5}_{0}$
110，120	10 000	100	170	280	435	$1.0^{+0.5}_{0}$
130，140	16 000	100	190	320	485	$1.0^{+0.5}_{0}$
150	20 000	100	210	340	550	$1.0^{+0.5}_{0}$

附表 I-4　弹性套柱销联轴器（摘自 GB/T 4323—2002）　　（单位：mm）

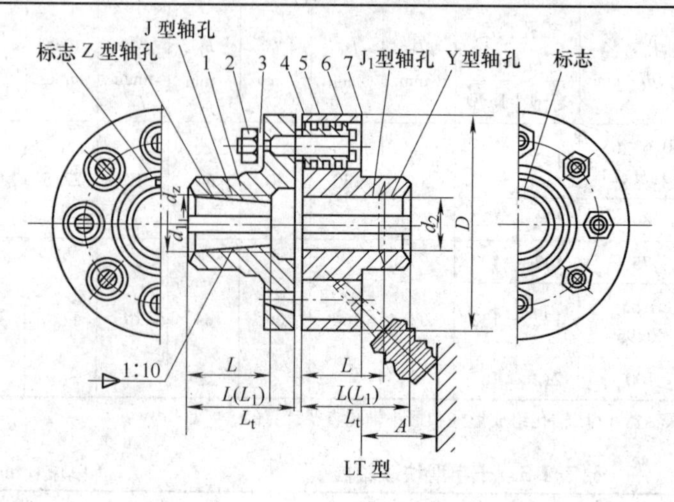

标记示例

LT5 联轴器 $\frac{J_1C30\times82}{J_1B35\times82}$　　主动端：J_1 型轴孔，C 型键槽，$d=30$mm，$L=82$mm

GB/T 4323—2002　　从动端：J_1 型轴孔，A 型键槽，$d=35$mm，$L=82$mm

LT5 弹性套柱销联轴器

型号	公称转矩 T_n /(N·m)	许用转速 [n] /(r/min)	轴孔直径* d_1、d_2、d_z /mm	轴孔长度/mm Y 型 L	J、J_1、Z 型 L_1	J、J_1、Z 型 L	$L_{推荐}$	D /mm	A /mm	质量 m /kg	转动惯量 I /(kg·m²)
LT1	6.3	8 800	9	20	14	—	25	71	18	0.82	0.000 5
			10、11	25	17						
			12、14	32	20						
LT2	16	7 600	12、14				35	80		1.20	0.000 8
			16、18、19	42	30	42					
LT3	31.5	6 300	16、18、19				38	95	35	2.20	0.002 3
			20、22	52	38	52					
LT4	63	5 700	20、22、24				40	106		2.84	0.003 7
			25、28	62	44	62					
LT5	125	4 600	25、28				50	130	45	6.05	0.012 0
			30、32、35	82	60	82					
LT6	250	3 800	32、35、38				55	160		9.057	0.028 0
			40、42	112	84	112					
LT7	500	3 600	40、42、45、48				65	190		14.01	0.055 0
LT8	710	3 000	45、48、50、55、56				70	224	65	23.12	0.134 0
			60、63	142	107	142					
LT9	1 000	2 850	50、55、56	112	84	112	80	250		30.69	0.213 0
			60、63、65、70、71	142	107	142					
LT10	2 000	2 300	63、65、70、71、75				100	315	80	61.40	0.660 0
			80、85、90、95	172	132	172					

注：质量、转动惯量按材料为铸钢、无孔、$L_{推荐}$计算近似值。

附表 I-5　弹性柱销联轴器（摘自 GB/T 5014—2003）　　　（单位：mm）

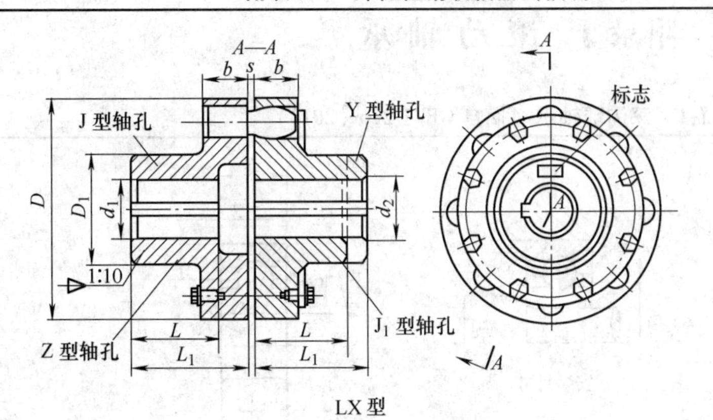

LX 型

标记示例

LX3 联轴器 $\frac{J_1 30\times60}{J_1 B35\times60}$ GB/T 5014—2003

LX3 弹性柱销联轴器

主动端：J_1 型轴孔，A 型键槽，$d=30$mm，$L=60$mm；

从动端：J_1 型轴孔，B 型键槽，$d=35$mm，$L=60$mm；

型号	公称转矩 T_n/(N·m)	许用转速[n]/(r/min)	轴孔直径 d_1、d_2、d_z/mm	轴孔长度/mm Y 型 L	J、J_1、Z 型 L_1	J、J_1、Z 型 L	D/mm	D_1/mm	b/mm	s/mm	质量 m/kg	转动惯量 I/(kg·m²)	许用补偿量 径向 ΔY/mm	轴向 ΔY/mm	角向 $\Delta\alpha$
LX1	250	8 500	12、14	32	27	—	90	40	20	2.5	2	0.002	0.15	±0.5	≤0°30′
			16、18、19	42	30	42									
			20、22、24	52	38	52									
LX2	560	6 300	20、22、24	52	38	52	120	55	28	2.5	5	0.009		±1	
			25、28	62	44	62									
			30、32、35	82	60	82									
LX3	1 250	4 750	30、32、35、38	82	60	82	160	75	36	2.5	8	0.026		±1	
			40、42、45、48	112	84	112									
LX4	2 500	3 870	40、42、45、48、50、55、56	112	84	112	195	100	45	3	22	0.109		±1.5	
			60、63	142	107	142									
LX5	3 150	3 450	50、55、56	112	84	112	220	120	45	3	30	0.191			
			60、63、65、70、71、75	142	107	142									
LX6	6 300	2 720	60、63、65、70、71、75	142	107	142	280	140	56	4	53	0.543	0.2	±2	
			80、85	172	132	172									
LX7	11 200	2 360	70、71、75	142	107	142	320	170	56	4	98	1.314			
			80、85、90、95	172	132	172									
			100、110	212	167	212									
LX8	16 000	2 120	82、85、90、95	172	132	172	360	200	56	5	119	2.023			
			100、110、120、125	212	167	212									
LX9	22 400	1 850	100、110、120、125	212	167	212	410	230	63	5	197	4.386			
			130、140	252	202	252									

注：质量、转动惯量是按 J/Y 轴孔组合形式和最小轴孔直径计算的。

附录J 滚动轴承

附表 J-1 深沟球轴承（摘自 GB/T 276—2013）

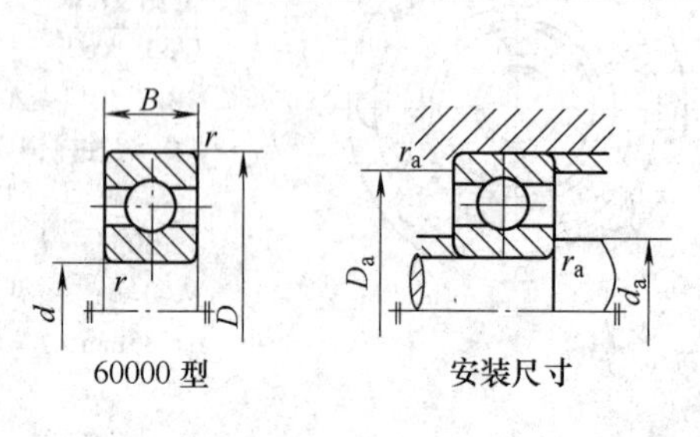

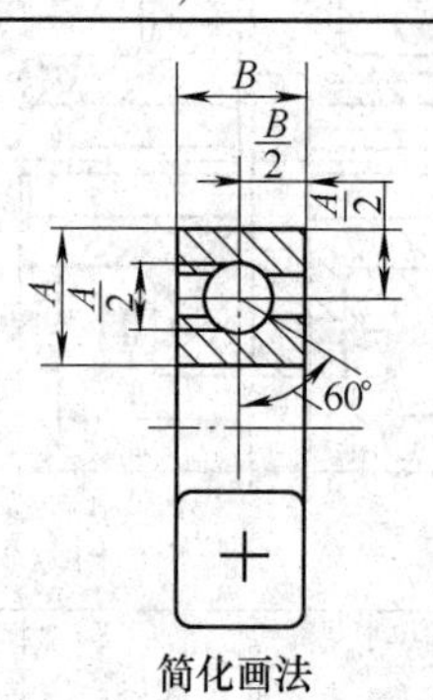

标记示例
滚动轴承 6210 GB/T 276—2013

F_a/C_{0r}	e	Y	径向当量动载荷	径向当量静载荷
0.014	0.19	2.30	当$\frac{F_a}{F_r}\leqslant e$，$P_r=F_r$ 当$\frac{F_a}{F_r}>e$，$P_r=0.56F_r+YF_a$	$P_{0r}=F_r$ $P_{0r}=0.6F_r+0.5F_a$ 取上列两式计算结果的较大值
0.028	0.22	1.99		
0.056	0.26	1.71		
0.084	0.28	1.55		
0.11	0.30	1.45		
0.17	0.34	1.31		
0.28	0.38	1.15		
0.42	0.42	1.04		
0.56	0.44	1.00		

轴承代号	公称尺寸/mm				安装尺寸/mm			基本额定动载荷 C_r/kN	基本额定静载荷 C_{0r}/kN	极限转速/(r/min)		原轴承代号
	d	D	B	r_{smin}	d_{amin}	D_{amax}	r_{asmax}			脂润滑	油润滑	
(1) 0 尺寸系列												
6000	10	26	8	0.3	12	23.6	0.3	4.58	1.98	20000	28000	100
6001	12	28	8	0.3	14	25.6	0.3	5.10	2.38	19000	26000	101
6002	15	32	9	0.3	17	29.6	0.3	5.58	2.85	18000	24000	102
6003	17	35	10	0.3	19	32.6	0.3	6.00	3.25	17000	22000	103
6004	20	42	12	0.6	25	37	0.6	9.38	5.02	15000	19000	104
6005	25	47	12	0.6	30	42	0.6	10.0	5.85	13000	17000	105
6006	30	55	13	1	36	49	1	13.2	8.30	10000	14000	106
6007	35	62	14	1	41	56	1	16.2	10.5	9000	12000	107
6008	40	68	15	1	46	62	1	17.0	11.8	8500	11000	108
6009	45	75	16	1	51	69	1	21.0	14.8	8000	10000	109
6010	50	80	16	1	56	74	1	22.0	16.2	7000	9000	110
6011	55	90	18	1.1	62	83	1	30.2	21.8	6300	8000	111

（续）

轴承代号	公称尺寸/mm				安装尺寸/mm			基本额定动载荷 C_r/kN	基本额定静载荷 C_{0r}/kN	极限转速/(r/min)		原轴承代号
	d	D	B	r_{smin}	d_{amin}	D_{amax}	r_{asmax}			脂润滑	油润滑	
(1) 0尺寸系列												
6012	60	95	18	1.1	67	88	1	31.5	24.2	6000	7500	112
6013	65	100	18	1.1	72	93	1	32.0	24.8	5600	7000	113
6014	70	110	20	1.1	77	103	1	38.5	30.5	5300	6700	114
6015	75	115	20	1.1	82	108	1	40.2	33.2	5000	6300	115
6016	80	125	22	1.1	87	118	1	47.5	39.8	4800	6000	116
6017	85	130	22	1.1	92	123	1	50.8	42.8	4500	5600	117
6018	90	140	24	1.5	99	131	1.5	58.0	49.8	4300	5300	118
6019	95	145	24	1.5	104	136	1.5	57.8	50.0	4000	5000	119
6020	100	150	24	1.5	109	141	1.5	64.5	56.2	3800	4800	120
(0) 2尺寸系列												
6200	10	30	9	0.6	15	25	0.6	5.10	2.38	19000	26000	200
6201	12	32	10	0.6	17	27	0.6	6.82	3.05	18000	24000	201
6202	15	35	11	0.6	20	30	0.6	7.65	3.72	17000	22000	202
6203	17	40	12	0.6	22	35	0.6	9.58	4.78	16000	20000	203
6204	20	47	14	1	26	41	1	12.8	6.65	14000	18000	204
6205	25	52	15	1	31	46	1	14.0	7.88	12000	16000	205
6206	30	62	16	1	36	56	1	19.5	11.5	9500	13000	206
6207	35	72	17	1.1	42	65	1	25.5	15.2	8500	11000	207
6208	40	80	18	1.1	47	73	1	29.5	18.0	8000	10000	208
6209	45	85	19	1.1	52	78	1	31.5	20.5	7000	9000	209
6210	50	90	20	1.1	57	83	1	35.0	23.2	6700	8500	210
6211	55	100	21	1.5	64	91	1.5	43.2	29.2	6000	7500	211
6212	60	110	22	1.5	69	101	1.5	47.8	32.8	5600	7000	212
6213	65	120	23	1.5	74	111	1.5	57.2	40.0	5000	6300	213
6214	70	125	24	1.5	79	116	1.5	60.8	45.0	4800	6000	214
6215	75	130	25	1.5	84	121	1.5	66.0	49.5	4500	5600	215
6216	80	140	26	2	90	130	2	71.5	54.2	4300	5300	216
6217	85	150	28	2	95	140	2	83.2	63.8	4000	5000	217
6218	90	160	30	2	100	150	2	95.8	71.5	3800	4800	218
6219	95	170	32	2.1	107	158	2.1	110	82.8	3600	4500	219
6220	100	180	34	2.1	112	168	2.1	122	92.8	3400	4300	220
(0) 3尺寸系列												
6300	10	35	11	0.6	15	30	0.6	7.65	3.48	18000	24000	300
6301	12	37	12	1	18	31	1	9.72	5.08	17000	22000	301
6302	15	42	13	1	21	36	1	11.5	5.42	16000	20000	302
6303	17	47	14	1	23	41	1	13.5	6.58	15000	19000	303

（续）

轴承代号	公称尺寸/mm				安装尺寸/mm			基本额定动载荷 C_r/kN	基本额定静载荷 C_{0r}/kN	极限转速/(r/min)		原轴承代号
	d	D	B	r_{smin}	d_{amin}	D_{amax}	r_{asmax}			脂润滑	油润滑	
(0) 3 尺寸系列												
6304	20	52	15	1.1	27	45	1	15.8	7.88	13000	17000	304
6305	25	62	17	1.1	32	55	1	22.2	11.5	10000	14000	305
6306	30	72	19	1.1	37	65	1	27.0	15.2	9000	12000	306
6307	35	80	21	1.5	44	71	1.5	33.2	19.2	8000	10000	307
6308	40	90	23	1.5	49	81	1.5	40.8	24.0	7000	9000	308
6309	45	100	25	1.5	54	91	1.5	52.8	31.8	6300	8000	309
6310	50	110	27	2	60	100	2	61.8	38.0	6000	7500	310
6311	55	120	29	2	65	110	2	71.5	44.8	5300	6700	311
6312	60	130	31	2.1	72	118	2.1	81.8	51.8	5000	6300	312
6313	65	140	33	2.1	77	128	2.1	93.8	60.5	4500	5600	313
6314	70	150	35	2.1	82	138	2.1	105	68.0	4300	5300	314
6315	75	160	37	2.1	87	148	2.1	112	76.8	4000	5000	315
6316	80	170	39	2.1	92	158	2.1	122	86.5	3800	4800	316
6317	85	180	41	3	99	166	2.5	132	96.5	3600	4500	317
6318	90	190	43	3	104	176	2.5	145	108	3400	4300	318
6319	95	200	45	3	109	186	2.5	155	122	3200	4000	319
6320	100	215	47	3	114	201	2.5	172	140	2800	3600	320
(0) 4 尺寸系列												
6403	17	62	17	1.1	24	55	1	22.5	10.8	11000	15000	403
6404	20	72	19	1.1	27	65	1	31.0	15.2	9500	13000	404
6405	25	80	21	1.5	34	71	1.5	38.2	19.2	8500	11000	405
6406	30	90	23	1.5	39	81	1.5	47.5	24.5	8000	10000	406
6407	35	100	25	1.5	44	91	1.5	56.8	29.5	6700	8500	407
6408	40	110	27	2	50	100	2	65.5	37.5	6300	8000	408
6409	45	120	29	2	55	110	2	77.5	45.5	5600	7000	409
6410	50	130	31	2.1	62	118	2.1	92.2	55.2	5300	6700	410
6411	55	140	33	2.1	67	128	2.1	100	62.5	4800	6000	411
6412	60	150	35	2.1	72	138	2.1	108	70.0	4500	5600	412
6413	65	160	37	2.1	77	148	2.1	118	78.5	4300	5300	413
6414	70	180	42	3	84	166	2.5	140	100	3800	4800	414
6415	75	190	45	3	89	176	2.5	155	115	3600	4500	415
6416	80	200	48	3	94	186	2.5	162	125	3400	4300	416
6417	85	210	52	4	103	192	3	175	138	3200	4000	417
6418	90	225	54	4	108	207	3	192	158	2800	3600	418
6420	100	250	58	4	118	232	3	222	195	2400	3200	420

注：1. 表中 C_r 值适用于真空脱气轴承钢材料的轴承。如轴承材料为普通电炉钢，C_r 值降低；如为真空重熔或电渣重熔轴承钢，C_r 值提高。

2. r_{smin} 为 r 的单向最小倒角尺寸；r_{asmax} 为 r 的单向最大倒角尺寸。

附表 J-2 角接触球轴承（摘自 GB/T 292—2007）

70000C(AC) 型

安装尺寸

简化画法

标记示例
滚动轴承 7210C GB/T 292—2007

iF_a/C_{0r}	e	Y	70000C 型	70000AC 型
0.015 0.029 0.058 0.087 0.12 0.17 0.29 0.44 0.58	0.38 0.40 0.43 0.46 0.47 0.50 0.55 0.56 0.56	1.47 1.40 1.30 1.23 1.19 1.12 1.02 1.00 1.00	径向当量动载荷 当 $\frac{F_a}{F_r} \leqslant e$ $P_r = F_r$ 当 $\frac{F_a}{F_r} > e$ $P_r = 0.44F_r + YF_a$ 径向当量静载荷 $P_{0r} = 0.5F_r + 0.46F$ 当 $P_{0r} < F_r$，取 $P_{0r} = F_r$	径向当量动载荷 当 $\frac{F_a}{F_r} \leqslant 0.68$ $P_r = F_r$ 当 $\frac{F_a}{F_r} > 0.68$ $P_r = 0.41F_r + 0.87F_a$ 径向当量静载荷 $P_{0r} = 0.5F_r + 0.38F_a$ 当 $P_{0r} < F_r$，取 $P_{0r} = F_r$

轴承代号		公称尺寸					安装尺寸/mm			70000C（$\alpha = 15°$）			70000AC（$\alpha = 25°$）			极限转速/(r/min)		原轴承代号	
		d	D	B	r_{smin}	r_{1smin}	d_{amin}	D_{amax}	r_{asmax}	a/mm	基本额定动载荷 C_r (kN)	基本额定静载荷 C_{0r} (kN)	a/mm	基本额定动载荷 C_r (kN)	基本额定静载荷 C_{0r} (kN)	脂润滑	油润滑		
（1）0 尺寸系列																			
7000C	7000AC	10	26	8	0.3	0.15	12.4	23.6	0.3	6.4	4.92	2.25	8.2	4.75	2.12	19000	28000	36100	46100
7001C	7001AC	12	28	8	0.3	0.15	14.4	25.6	0.3	6.7	5.42	2.65	8.7	5.20	2.55	18000	26000	36101	46101
7002C	7002AC	15	32	9	0.3	0.15	17.4	29.6	0.3	7.6	6.25	3.42	10	5.95	3.25	17000	24000	36102	46102
7003C	7003AC	17	35	10	0.3	0.15	19.4	32.6	0.3	8.5	6.6	3.85	11.1	6.30	3.68	16000	22000	36103	46103
7004C	7004AC	20	42	12	0.6	0.15	25	37	0.6	10.2	10.5	6.08	13.2	10.0	5.78	14000	19000	36104	46104

（续）

轴承代号		公称尺寸					安装尺寸/mm			70000C（$\alpha=15°$）			70000AC（$\alpha=25°$）			极限转速/（r/min）		原轴承代号	
		d	D	B	r_{smin}	r_{1smin}	d_{amin}	D_{amax}	r_{asmax}	a/mm	基本额定 动载荷 C_r (kN)	基本额定 静载荷 C_{0r} (kN)	a/mm	基本额定 动载荷 C_r (kN)	基本额定 静载荷 C_{0r} (kN)	脂润滑	油润滑		
（1）0尺寸系列																			
7005C	7005AC	25	47	12	0.6	0.15	30	42	0.6	10.8	11.5	7.45	14.4	11.2	7.08	12000	17000	36105	46105
7006C	7006AC	30	55	13	1	0.3	36	49	1	12.2	15.2	10.2	16.4	14.5	9.85	9500	14000	36106	46106
7007C	7007AC	35	62	14	1	0.3	41	56	1	13.5	19.5	14.2	18.3	18.5	13.5	8500	12000	36107	46107
7008C	7008AC	40	68	15	1	0.3	46	62	1	14.7	20.0	15.2	20.1	19.0	14.5	8000	11000	36108	46108
7009C	7009AC	45	75	16	1	0.3	51	69	1	16	25.8	20.5	21.9	25.8	19.5	7500	10000	36109	46109
7010C	7010AC	50	80	16	1	0.3	56	74	1	16.7	26.5	22.0	23.2	25.2	21.0	6700	9000	36110	46110
7011C	7011AC	55	90	18	1.1	0.6	62	83	1	18.7	37.2	30.5	25.9	35.2	29.2	6000	8000	36111	46111
7012C	7012AC	60	95	18	1.1	0.6	67	88	1	19.4	38.2	32.8	27.1	36.2	31.5	5600	7500	36112	46112
7013C	7013AC	65	100	18	1.1	0.6	72	93	1	20.1	40.0	35.5	28.2	38.0	33.8	5300	7000	36113	46113
7014C	7014AC	70	110	20	1.1	0.6	77	103	1	22.1	48.2	43.5	30.9	45.8	41.5	5000	6700	36114	46114
7015C	7015AC	75	115	20	1.1	0.6	82	108	1	22.7	49.5	46.5	32.2	46.8	44.2	4800	6300	36115	46115
7016C	7016AC	80	125	22	1.5	0.6	89	116	1.5	24.7	58.5	55.8	34.9	55.5	53.2	4500	6000	36116	46116
7017C	7017AC	85	130	22	1.5	0.6	94	121	1.5	25.4	62.5	60.2	36.1	59.2	57.2	4300	5600	36117	46117
7018C	7018AC	90	140	24	1.5	0.6	99	131	1.5	27.4	71.5	69.8	38.8	67.5	66.5	4000	5300	36118	46118
7019C	7019AC	95	145	24	1.5	0.6	104	136	1.5	28.1	73.5	73.2	40	69.5	69.8	3800	5000	36119	46119
7020C	7020AC	100	150	24	1.5	0.6	109	141	1.5	28.7	79.2	78.5	41.2	75.0	74.8	3800	5000	36120	46120
（0）2尺寸系列																			
7200C	7200AC	10	30	9	0.6	0.15	15	25	0.6	7.2	5.82	2.95	9.2	5.58	2.82	18000	26000	36200	46200
7201C	7201AC	12	32	10	0.6	0.15	17	27	0.6	8	7.35	3.52	10.2	7.10	3.35	17000	24000	36201	46201
7202C	7202AC	15	35	11	0.6	0.15	20	30	0.6	8.9	8.68	4.62	11.4	8.35	4.40	16000	22000	36202	46202
7203C	7203AC	17	40	12	0.6	0.3	22	35	0.6	9.9	10.8	5.95	12.8	10.5	5.65	15000	20000	36203	46203
7204C	7204AC	20	47	14	1	0.3	26	41	1	11.5	14.5	8.22	14.9	14.0	7.82	13000	18000	36204	46204
7205C	7205AC	25	52	15	1	0.3	31	46	1	12.7	16.5	10.5	16.4	15.8	9.88	11000	16000	36205	46205

（续）

轴承代号		公称尺寸					安装尺寸/mm			70000C（$\alpha=15°$）			70000AC（$\alpha=25°$）			极限转速/(r/min)		原轴承代号	
		d	D	B	r_{smin}	r_{1smin}	d_{amin}	D_{amax}	r_{asmax}	a/mm	基本额定动载荷 C_r/kN	基本额定静载荷 C_{0r}/kN	a/mm	基本额定动载荷 C_r/kN	基本额定静载荷 C_{0r}/kN	脂润滑	油润滑		
（0）2尺寸系列																			
7206C	7206AC	30	62	16	1	0.3	36	56	1	14.2	23.0	15.0	18.7	22.0	14.2	9000	13000	36206	46206
7207C	7207AC	35	72	17	1.1	0.6	42	65	1	15.7	30.5	20.0	21	29.0	19.2	8000	11000	36207	46207
7208C	7208AC	40	80	18	1.1	0.6	47	73	1	17	36.8	25.8	23	35.2	24.5	7500	10000	36208	46208
7209C	7209AC	45	85	19	1.1	0.6	52	78	1	18.2	385	28.5	24.7	36.8	27.2	6700	9000	36209	46209
7210C	7210AC	50	90	20	1.1	0.6	57	83	1	19.4	428	32.0	26.3	40.8	30.5	6300	8500	36210	46210
7211C	7211AC	55	100	21	1.5	0.6	64	91	1.5	20.9	52.8	40.5	28.6	50.5	38.5	5600	7500	36211	46211
7212C	7212AC	60	110	22	1.5	0.6	69	101	1.5	22.4	61.0	48.5	30.8	58.2	46.2	5300	7000	36212	46212
7213C	7213AC	65	120	23	1.5	0.6	74	111	1.5	24.2	69.8	55.2	33.5	66.5	52.5	4800	6300	36213	46213
7214C	7214AC	70	125	24	1.5	0.6	79	116	1.5	25.3	70.2	60.0	35.1	69.2	57.5	4500	6000	36214	46214
7215C	7215AC	75	130	25	1.5	0.6	84	121	1.5	26.4	79.2	65.8	36.6	75.2	63.0	4300	5600	36215	46215
7216C	7216AC	80	140	26	2	1	90	130	2	27.7	89.5	78.2	38.9	85.0	74.5	4000	5300	36216	46216
7217C	7217AC	85	150	28	2	1	95	140	2	29.9	99.8	85.0	41.6	94.8	81.5	3800	5000	36217	46217
7218C	7218AC	90	160	30	2	1	100	150	2	31.7	122	105	44.2	118	100	3600	4800	36218	46218
7219C	7219AC	95	170	32	2.1	1.1	107	158	2.1	33.8	135	115	46.9	128	108	3400	4500	36219	46219
7220C	7220AC	100	180	34	2.1	1.1	112	168	2.1	35.8	148	128	49.7	142	122	3200	4300	36220	46220
（0）3尺寸系列																			
7301C	7301AC	12	37	12	1	0.3	18	31	1	8.6	8.10	5.22	12	8.08	4.88	16000	22000	36301	46301
7302C	7302AC	15	42	13	1	0.3	21	36	1	9.6	9.38	5.95	13.5	9.08	5.58	15000	20000	36302	46302
7303C	7303AC	17	47	14	1	0.3	23	41	1	10.4	12.8	8.62	14.8	11.5	7.08	14000	19000	36303	46303
7304C	7304AC	20	52	15	1.1	0.6	27	45	1	11.3	14.2	9.68	16.8	13.8	9.10	12000	17000	36304	46304
7305E	7305AC	25	62	17	1.1	0.6	32	55	1	13.1	21.5	15.8	19.1	20.8	14.8	9500	14000	36305	46305
7306E	7306AC	30	70	19	1.1	0.6	37	65	1	15	26.5	19.8	22.2	25.2	18.5	8500	12000	36306	46306
7307E	7307AC	35	80	21	1.5	0.6	44	71	1.5	16.6	34.2	26.8	24.5	32.8	24.8	7500	10000	36307	46307

（续）

轴承代号		公称尺寸					安装尺寸/mm			70000C（$\alpha=15°$）			70000AC（$\alpha=25°$）			极限转速/（r/min）		原轴承代号	
		d	D	B	r_{smin}	r_{1smin}	d_{amin}	D_{amax}	r_{asmax}	a/mm	基本额定 动载荷 C_r (kN)	基本额定 静载荷 C_{0r} (kN)	a/mm	基本额定 动载荷 C_r (kN)	基本额定 静载荷 C_{0r} (kN)	脂润滑	油润滑		
（0）3 尺寸系列																			
7308E	7308AC	40	90	23	1.5	0.6	49	81	1.5	18.5	40.2	32.3	27.5	38.5	30.5	6700	9000	36308	46308
7309E	7309AC	45	100	25	1.5	1.6	54	91	1.5	20.2	49.2	39.8	30.2	47.5	37.2	6000	8000	36309	46309
7310E	7310AC	50	110	27	2	1	60	100	2	22	53.5	47.2	33	55.5	44.5	5600	7500	36310	46310
7311E	7311AC	55	120	29	2	1	65	110	2	23.8	70.5	60.5	35.8	67.2	56.8	5000	6700	36311	46311
7312E	7312AC	60	130	31	2.1	1.1	72	118	2.1	25.6	80.5	70.2	38.7	77.8	65.8	4800	6300	36312	46312
7313E	7313AC	65	140	33	2.1	1.1	77	128	2.1	27.4	91.5	80.5	41.5	89.8	75.5	4300	5600	36313	46313
7314E	7314AC	70	150	35	2.1	1.1	82	138	2.1	29.2	102	91.5	44.3	98.5	86.0	4000	5300	36314	46314
7315E	7315AC	75	160	37	2.1	1.1	87	148	2.1	31	112	105	47.2	108	97.0	3800	5000	36315	46315
7316E	7316AC	80	170	39	2.1	1.1	92	158	2.1	32.8	122	118	50	118	108	3600	4800	36316	46316
7317E	7317AC	85	180	41	3	1.1	99	166	2.5	34.6	132	128	52.8	125	122	3400	4500	36317	46317
7318E	7318AC	90	190	43	3	1.1	107	176	2.5	36.4	142	142	55.6	135	135	3200	4300	36318	46318
7319E	7319AC	95	200	45	3	1.1	109	186	2.5	38.2	152	158	58.5	145	148	3000	4000	36319	46319
7320E	7320AC	100	215	47	3	1.1	114	201	2.5	40.2	162	175	61.9	165	178	2600	3600	36320	46320
（0）4 尺寸系列																			
	7406AC	30	90	23	1.5	0.6	39	81	1				26.1	42.5	32.2	7500	10000		46406
	7407AC	35	100	25	1.5	0.6	44	91	1.5				29	53.8	42.5	6300	8500		46407
	7408AC	40	110	17	2	1	50	100	2				31.8	62.0	49.5	6000	8000		46408
	7409AC	45	120	19	2	1	55	110	2				34.6	66.8	52.8	5300	7000		46409
	7410AC	50	130	31	2.1	1.1	62	118	2.1				37.4	76.5	64.2	5000	6700		46410
	7412AC	60	150	35	2.1	1.1	72	138	2.1				43.1	102	90.8	4300	5600		46412
	7414AC	70	180	42	3	1.1	84	166	2.5				51.5	125	135	3600	4800		46414
	7416AC	80	200	48	3	1.1	94	185	2.5				58.1	152	162	3200	4300		46416

注：表中 C_r 值，对（1）0、（0）2 系列为真空脱气轴承钢的负载能力，对（0）3、（0）4 系列为电炉轴承钢的负载能力。

附表 J-3 圆锥滚子轴承（摘自 GB/T 297—2015）

30000 型　安装尺寸　简化画法

径向当量动载荷	当 $\frac{F_a}{F_r} \leqslant e$　$P_r = F_r$ 当 $\frac{F_a}{F_r} > e$　$P_r = 0.4F_r + YF_a$
径向当量静载荷	$P_{0r} = F_r$ $P_r = 0.5F_r + Y_0F_a$ 取上列两式计算结果的较大值

标记示例：滚动轴承 30310 GB/T 297—2015

轴承代号	尺寸/mm								安装尺寸/mm									计算系数			基本额定		极限转速/(r/min)		原轴承代号
	d	D	T	B	C	r_{smin}	r_{1smin}	a ≈	d_{amin}	d_{bmax}	D_{amin}	D_{amax}	D_{bmin}	a_{1min}	a_{2min}	r_{asmax}	r_{bsmax}	e	Y	Y_0	动载荷 C_r	静载荷 C_{0r}	脂润滑	油润滑	
																					kN				
02 尺寸系列																									
30203	17	40	13.25	12	11	1	1	9.9	23	23	34	34	37	2	2.5	1	1	0.35	1.7	1	20.8	21.8	9000	12000	7203E
30204	20	47	15.25	14	12	1	1	11.2	26	27	40	41	43	2	3.5	1	1	0.35	1.7	1	28.2	30.5	8000	10000	7204E
30205	25	52	16.25	15	13	1	1	12.5	31	31	44	46	48	2	3.5	1	1	0.37	1.6	0.9	32.2	37.0	7000	9000	7205E
30206	30	62	17.25	16	14	1	1	13.8	36	37	53	56	58	2	3.5	1	1	0.37	1.6	0.9	43.2	50.5	6000	7500	7206E
30207	35	72	18.25	17	15	1.5	1.5	15.3	42	44	62	65	67	3	3.5	1.5	1.5	0.37	1.6	0.9	54.2	63.5	5300	6700	7207E
30208	40	80	19.75	18	16	1.5	1.5	16.9	47	49	69	73	75	3	4	1.5	1.5	0.37	1.6	0.9	63.0	74.0	5000	6300	7208E
30209	45	85	20.75	19	16	1.5	1.5	18.6	52	53	74	78	80	3	5	1.5	1.5	0.4	1.5	0.8	67.8	83.5	4500	5600	7209E
30210	50	90	21.75	20	17	1.5	1.5	20	57	58	79	83	86	3	5	1.5	1.5	0.42	1.4	0.8	73.2	92.0	4300	5300	7210E
30211	55	100	22.75	21	18	2	1.5	21	64	64	88	91	95	4	5	2	1.5	0.4	1.5	0.8	90.8	115	3800	4800	7211E
30212	60	110	23.75	22	19	2	1.5	22.3	69	69	96	101	103	4	5	2	1.5	0.4	1.5	0.8	102	130	3600	4500	7212E
30213	65	120	24.75	23	20	2	1.5	23.8	74	77	106	111	114	4	5	2	1.5	0.4	1.5	0.8	120	152	3200	4000	7213E
30214	70	125	26.25	24	21	2	1.5	25.8	79	81	110	106	119	4	5.5	2	1.5	0.42	1.4	0.8	132	175	3000	3800	7214E
30215	75	130	27.25	25	22	2	1.5	27.4	84	85	115	121	125	4	5.5	2	1.5	0.44	1.4	0.8	138	185	2800	3600	7215E
30216	80	140	28.25	26	22	2.5	2	28.1	90	90	124	130	133	4	6	2.1	2	0.42	1.4	0.8	160	212	2600	3400	7216E
30217	85	150	30.5	28	24	2.5	2	30.3	95	96	132	140	142	5	6.5	2.1	2	0.42	1.4	0.8	178	238	2400	3200	7217E
30218	90	160	32.5	30	26	2.5	2	32.3	100	102	140	150	151	5	6.5	2.1	2	0.42	1.4	0.8	200	270	2200	3000	7218E
30219	95	170	34.5	32	27	3	2.5	34.2	107	108	149	158	160	5	7.5	2.5	2.1	0.42	1.4	0.8	228	308	2000	2800	7219E
30220	100	180	37	34	29	3	2.5	36.4	112	114	157	168	169	5	8	2.5	2.1	0.42	1.4	0.8	255	350	1900	2600	7220E

（续）

轴承代号	尺寸/mm								安装尺寸/mm									计算系数			基本额定		极限转速/(r/min)		原轴承代号
	d	D	T	B	C	r_{smin}	r_{1smin}	a ≈	d_{smin}	d_{bmax}	D_{amin}	D_{amax}	D_{bmin}	a_{1min}	a_{2min}	r_{asmax}	r_{bsmax}	e	Y	Y_0	动载荷 C_r	静载荷 C_{0r}			
																					kN		脂润滑	油润滑	
03 尺寸系列																									
30302	15	42	14.25	13	11	1	1	9.6	21	22	36	36	38	2	3.5	1	1	0.29	2.1	1.2	22.8	21.5	9000	12000	7032E
30303	17	47	15.25	14	12	1	1	10.4	23	25	40	41	43	3	3.5	1	1	0.29	2.1	1.2	28.2	27.2	8500	11000	7303E
30304	20	52	16.25	15	13	1.5	1.5	11.1	27	28	44	45	48	3	3.5	1.5	1.5	0.3	2	1.1	33.0	33.2	7500	9500	7304E
30305	25	62	18.25	17	15	1.5	1.5	13	32	34	54	55	58	3	3.5	1.5	1.5	0.3	2	1.1	46.8	48.0	6300	8000	7305E
30306	30	72	20.75	19	16	1.5	1.5	15.3	37	40	62	65	66	3	5	2	1.5	0.31	1.9	1.1	59.0	63.0	5600	7000	7306E
30307	35	80	22.75	21	18	2	1.5	16.8	44	45	70	71	74	3	5	2	1.5	0.31	1.9	1.1	75.2	82.5	5000	6300	7307E
30308	40	90	25.25	23	20	2	1.5	19.5	49	52	77	81	84	3	5.5	2	1.5	0.35	1.7	1	90.8	108	4500	5600	7308E
30309	45	100	27.25	25	22	2	1.5	21.3	54	59	86	91	94	3	5.5	2	1.5	0.35	1.7	1	108	130	4000	5000	7309E
30310	50	110	29.25	27	23	2.5	2	23	60	65	95	100	103	4	6.5	2.5	2	0.35	1.7	1	130	158	3800	4800	7310E
30311	55	120	31.5	29	25	2.5	2	24.9	65	70	104	110	112	4	6.5	2.5	2	0.35	1.7	1	152	188	3400	4300	7311E
30312	60	130	33.5	31	26	3	2.5	26.6	72	76	112	118	121	5	7.5	2.5	2.1	0.35	1.7	1	170	210	3200	4000	7312E
30313	65	140	36	33	28	3	2.5	28.7	77	83	122	128	131	5	8	2.5	2.1	0.35	1.7	1	195	242	2800	3600	7313E
30314	70	150	38	35	30	3	2.5	30.7	82	89	130	138	141	5	8	2.5	2.1	0.35	1.7	1	218	272	2600	3400	7314E
30315	75	160	40	37	31	3	2.5	32	87	95	139	168	150	5	9	2.5	2.1	0.35	1.7	1	252	318	2400	3200	7315E
30316	80	170	42.5	39	33	3	2.5	34.4	92	102	148	158	160	5	9.5	2.5	2.1	0.35	1.7	1	278	352	2200	3000	7316E
30317	85	180	44.5	41	34	4	3	35.9	99	107	156	166	168	6	10.5	3	2.5	0.35	1.7	1	305	388	2000	2800	7317E
30318	90	190	46.5	43	36	4	3	37.5	104	113	165	176	178	6	10.5	3	2.5	0.35	1.7	1	342	440	1900	2600	7318E
30319	95	200	49.5	45	38	4	3	40.1	109	118	172	486	185	6	11.5	3	2.5	0.35	1.7	1	370	478	1800	2400	7319E
30320	100	215	51.5	47	39	4	3	42.2	114	127	184	201	199	6	12.5	3	2.5	0.35	1.7	1	405	525	1600	2000	7320E
22 尺寸系列																									
32206	30	62	21.25	20	17	1	1	15.6	36	36	52	56	58	3	4.5	1	1	0.37	1.6	0.9	51.8	63.8	6000	7500	7506E
32207	35	72	24.25	23	19	1.5	1.5	17.9	42	42	61	65	68	3	4.5	1.5	1.5	0.37	1.6	0.9	70.5	89.5	5300	6700	7507E
32208	40	80	24.75	23	19	1.5	1.5	18.9	47	48	68	73	75	3	6	1.5	1.5	0.37	1.6	0.9	77.8	97.2	5000	6300	7508E
32209	45	85	24.75	23	19	1.5	1.5	20.1	52	53	73	78	81	3	6	1.5	1.5	0.4	1.6	0.8	80.8	105	4500	5600	7509E
32210	50	90	24.75	23	19	1.5	1.5	21	57	57	78	83	86	3	6	1.5	1.5	0.42	1.4	0.8	82.8	108	4300	5300	7510E
32211	55	100	26.75	25	21	2	1.5	22.8	64	62	87	91	96	4	6	2	1.5	0.4	1.5	0.8	108	142	3800	4800	7511E
32212	60	110	29.75	28	24	2	1.5	25	69	68	95	101	105	4	6	2	1.5	0.4	1.5	0.8	132	180	3600	4500	7512E
32213	65	120	32.75	31	27	2	1.5	27.3	74	75	104	111	115	4	6	2	1.5	0.4	1.5	0.8	160	122	3200	4000	7513E
32214	70	125	33.25	31	27	2	1.5	28.8	79	79	108	116	120	4	6.5	2	1.5	0.42	1.4	0.8	168	138	3000	3800	7514E
32215	75	130	33.25	31	27	2	1.5	30	84	84	115	121	126	4	6.5	2	1.5	0.44	1.4	0.8	170	242	2800	3600	7515E

（续）

轴承代号	尺寸/mm								安装尺寸/mm									计算系数			基本额定		极限转速/(r/min)		原轴承代号
	d	D	T	B	C	r_{smin}	r_{1smin}	a ≈	d_{smin}	d_{bmax}	D_{amin}	D_{amax}	D_{bmin}	a_{1min}	a_{2min}	r_{asmax}	r_{bsmax}	e	Y	Y_0	动载荷 C_r (kN)	静载荷 C_{0r} (kN)	脂润滑	油润滑	
22 尺寸系列																									
32216	80	140	35.25	33	28	2.5	2	31.4	90	89	122	130	135	5	7.5	2.1	2	0.24	1.4	0.8	198	278	2600	3400	7516E
32217	85	150	38.5	36	30	2.5	2	33.9	95	95	130	140	143	5	8.5	2.1	2	0.42	1.4	0.8	228	325	2400	3200	7517E
32218	90	160	42.5	40	34	2.5	2	36.8	100	101	138	150	153	5	8.5	2.1	2	0.42	1.4	0.8	270	395	2200	3000	7518E
32219	95	170	45.5	43	37	3	2.5	39.2	107	106	145	158	163	5	8.5	2.5	2.1	0.42	1.4	0.8	302	448	2000	2800	7519E
32220	100	180	49	46	39	3	2.5	41.9	112	113	154	168	172	5	10	2.5	2.1	0.42	1.4	0.8	340	512	1900	2600	7520E
23 尺寸系列																									
32303	17	47	20.25	19	16	1	1	12.3	23	24	39	41	43	3	4.5	1	1	0.29	2.1	1.2	35.2	36.2	8500	11000	7603E
32304	20	52	22.25	21	18	1.5	1.5	13.6	27	26	43	45	48	3	4.5	1.5	1.5	0.3	2	1.1	42.8	46.2	7500	9500	7604E
32305	25	62	25.25	24	20	1.5	1.5	15.9	32	32	52	55	58	3	5.5	1.5	1.5	0.3	2	1.1	61.5	68.8	6300	8000	7605E
32306	30	72	28.72	27	23	1.5	1.5	18.9	37	38	59	65	66	4	6	1.5	1.5	0.31	1.9	1.1	81.5	96.5	5600	7000	7606E
32307	35	80	32.75	31	25	2	1.5	20.4	44	43	66	71	74	4	8.5	2	1.5	0.31	1.9	1.1	99.0	118	5000	6300	7607E
32308	40	90	35.25	33	27	2	1.5	23.3	49	49	73	81	83	4	8.5	2	1.5	0.35	1.7	1	115	148	4500	5600	7608E
32309	45	100	38.25	36	30	2	1.5	25.6	54	56	82	91	93	4	8.5	2	1.5	0.35	1.7	1	145	188	4000	5000	7609E
32310	50	110	42.25	40	33	2.5	2	28.2	60	61	90	100	102	5	9.5	2	2	0.35	1.7	1	178	235	3800	4800	7610E
32311	55	120	45.5	43	35	2.5	2	30.4	65	66	99	110	111	5	10	2.5	2	0.35	1.7	1	202	270	3400	4300	7611E
32312	60	130	48.5	46	37	3	2.5	32	72	72	107	118	122	6	11.5	2.5	2.1	0.35	1.7	1	228	302	3200	4000	7612E
32313	65	140	51	48	39	3	2.5	34.3	77	79	117	128	131	6	12	2.5	2.1	0.35	1.7	1	260	350	2800	3600	7613E
32314	70	150	54	51	42	3	2.5	36.5	82	84	125	138	140	6	12	2.5	2.1	0.35	1.7	1	298	408	2600	3400	7614E
32315	75	160	58	55	45	3	2.5	39.4	87	91	433	148	150	7	13	2.5	2.1	0.35	1.7	1	348	482	2400	3200	7615E
32316	80	170	61.5	58	48	3	2.5	42.1	92	97	142	158	160	7	13.5	2.5	2.1	0.35	1.7	1	388	542	2200	3000	7616E
32317	85	180	63.5	60	49	4	3	43.5	99	102	150	166	168	8	14.5	3	2.5	0.35	1.7	1	422	592	2000	2800	7617E
32318	90	190	67.5	64	53	4	3	46.2	104	107	157	176	178	8	14.5	3	2.5	0.35	1.7	1	478	682	1900	2600	7618E
32319	95	200	71.5	67	55	4	3	49	109	114	166	186	187	8	16.5	3	2.5	0.35	1.7	1	515	738	1800	2400	7619E
32320	100	215	77.5	73	60	4	3	52.9	114	122	177	201	201	8	17.5	3	2.5	0.35	1.7	1	600	872	1600	2000	7620E

注：1. 同附表 J-1 中注 1。

2. r_{smin}、r_{1smin}分别为 r、r_1 的最小单向倒角尺寸；r_{asmax}、r_{1asmax}分别为 r_a、r_{1a}的最大单向倒角尺寸。

附表 J-4　向心轴承载荷的区分

载荷大小	轻载荷	正常载荷	重载荷
$\frac{P_1\ \text{径向当量动载荷}}{C_1\ \text{径向额定动载荷}}$	≤0.07	>0.07~0.15	>0.15

附表 J-5　安装向心轴承的轴公差带代号

运转状态		载荷状态	深沟球轴承、调心球轴承和角接触球轴承	圆柱滚子轴承和圆锥滚子轴承	调心滚子轴承	公差带代号
说明	举例		轴承公称内径/mm			
旋转的内圈载荷及摆动载荷	一般通用机械、电动机、机床主轴、泵、内燃机、直齿轮传动装置、铁路机车车辆轴箱、破碎机等	轻载荷	≤18 >18~100 >100~200	— ≤40 >40~140	≤40 >40~100	h5 j6 k6
		正常载荷	≤18 >8~100 >100~140 >140~200	— ≤40 >40~100 >100~140	— ≤40 >40~65 >65~100	j5，js5 k5 m5 m6
		重载荷	— —	>50~140 >140~200	>50~100 >100~140	n6 p6
固定的内圈载荷	静止轴上的各种轮子、张紧轮、绳轮、振动筛、惯性振动器	所有载荷	所有尺寸			f6 g6 h6 j6
仅有轴向载荷		所有尺寸				j6、js6

附表 J-6　安装向心轴承的孔公差带代号

运转状态		载荷状态	其他状况	公差带代号①	
说明	举例			球轴承	滚子轴承
固定的外载荷	一般机械、铁路机车车辆轴箱、电动机、泵、曲轴主轴承	轻、正常、重	轴向易移动，可采用剖分式外壳	H7 G7②	
		冲击	轴向能移动，可采用整体或剖分式外壳	J7、JS7	
摆动载荷		轻、正常			
		正常、重	轴向不移动，采用整体式外壳	K7	
		冲击		M7	
旋转的外圈载荷	张紧滑轮、轮毂轴承	轻		J7	K7
		正常		K7、M7	M7、N7
		重		—	N7、M7

① 并列公差带随尺寸的增大从左至右选择，对旋转精度有较高要求时，可相应提到一个公差等级。

② 不适合用于剖分式外壳。

附表 J-7　安装推力轴承的轴和孔公差带代号

运转状态	载荷状态	安装推力轴承的轴公差带		安装推力轴承的外壳孔公差带	
		轴承类型	公差带代号	轴承类型	公差带代号
仅有轴承载荷		推力球和推力滚子轴承	j6、js6	推力球轴承	H8
				推力圆柱、圆锥滚子轴承	H7

附表 J-8　轴和外壳的几何公差

公称尺寸/mm		圆柱度 t				轴向圆跳动 t_1			
		轴颈		外壳孔		轴肩		外壳孔肩	
		轴承公差等级							
		/P0	/P6 (/P6x)	/P0	/P6 (/P6x)	/P0	/P6 (/P6x)	/P0	/P6 (/P6x)
大于	至	公差值/μm							
	6	2.5	1.5	4	2.5	5	3	8	5
6	10	2.5	1.5	4	2.5	6	4	10	6
10	18	3	2	5	3	8	5	12	8
18	30	4	2.5	6	4	10	6	15	10
30	50	4	2.5	7	4	12	8	20	15
50	80	5	3	8	5	15	10	25	15
80	120	6	4	10	6	15	10	25	15
120	180	8	5	12	8	20	12	30	20
180	250	10	7	14	10	20	12	30	20
250	315	12	8	16	12	25	15	40	25

注：轴承公差等级新、旧标准代号对照为：/P0-G 级；/P6x-Ex 级。

附表 J-9　配合面的表面粗糙度

轴或轴承座直径/mm		轴或外壳配合表面直径公差等级								
		IT7			IT6			IT5		
		表面粗糙度/μm								
超过	到	Rz	Ra		Rz	Ra		Rz	Ra	
			磨	车		磨	车		磨	车
80	80	10	1.6	3.2	6.3	0.8	1.6	4	0.4	0.8
	500	16	1.6	3.2	10	1.6	3.2	6.3	0.8	1.6
端面		25	3.2	6.3	25	3.2	6.3	10	1.6	1.6

注：与/P0、/P6（/P6x）级公差轴承配合的轴，其公差等级一般为 IT6，外壳孔一般为 IT7。

附录 K　参

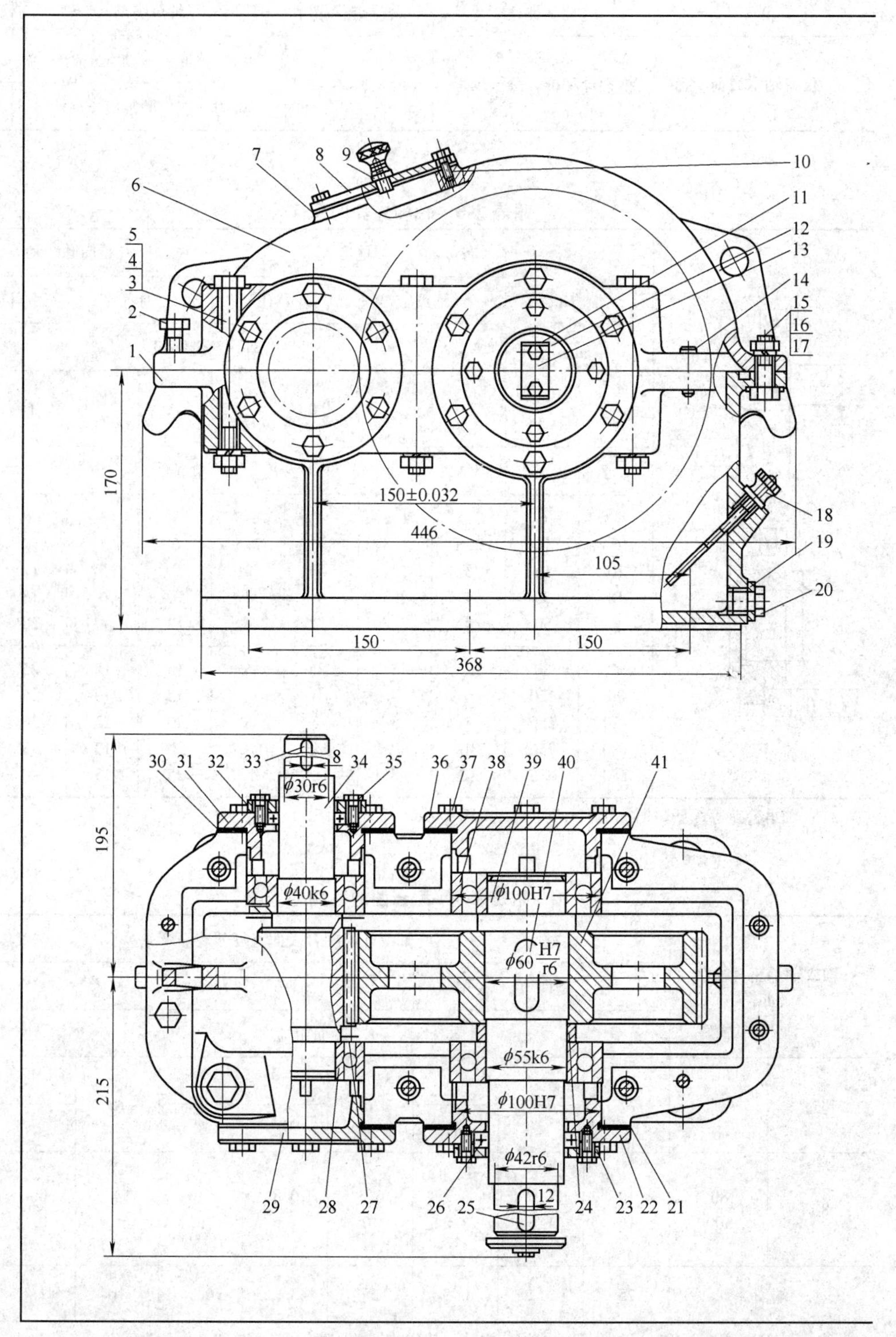

附图 K-1　一级圆柱

考图例

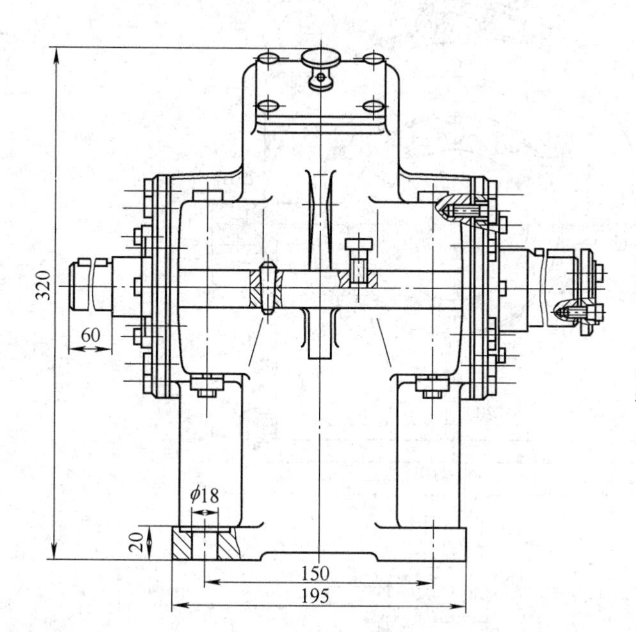

技术要求

1.装配前，全部零件用煤油清洗，箱体内不许有杂物存在。在内壁涂两次不被润滑油侵蚀的涂料。

2.用铅丝检验啮合侧隙。其侧隙不小于0.16mm，所用铅丝不得大于最小侧隙的4倍。

3.用涂色法检验斑点。齿高接触斑点不小于40%；齿长接触斑点不小于50%。必要时可采用研磨或刮后研磨，以便改善接触情况。

4.调整轴承时所留轴向间隙如下：ϕ40为0.05～0.1mm；ϕ55为0.08～0.15mm。

5.装配时，剖分面不允许使用任何填料，可涂以密封油漆或水玻璃。试转时应检查剖分面、各接触面及密封处，均不准漏油。

6. 箱座内装SH 0357—92中的50号工业齿轮油至规定高度。

7.表面涂灰色油漆。

技术参数表

功率	4.5kW	高速轴转速	480r/min	传动比	4.16

序号	名称	数量	材料	标准	备注
41	大齿轮	1	45		
40	键18×50	1	Q275A	GB/T 1096—2003	
39	轴	1	45		
38	轴承 6211	2		GB/T 297—2013	
37	螺栓 M8×25	24	Q235A	GB/T 5780	
36	轴承端盖	1	HT200		
35	J型油封 35×60×12	1	耐油橡胶	HG4—338—66	
34	齿轮轴	1	45		
33	键 8×50	1	Q275A	GB/T 1096—2003	
32	密封盖板	1	Q235A		
31	轴承端盖	1	HT200		
30	调整垫片	2			
29	轴承端盖	1	HT200		
28	轴承 6208	2		GB/T 297—2013	
27	挡油环	2	Q215A		
26	J型油封 50×72×12	1	耐油橡胶	HG4—338—66	
25	键 12×56	1	Q275A	GB/T 1096—2003	
24	定距环	1	Q235A		
23	密封盖板	1	Q235A		
22	轴承端盖	1	HT200		
21	调整垫片	2	08F		
20	油圈 25×18	1	工业用革		

序号	名称	数量	材料	标准	备注
19	六角螺塞 M10×1.5	1	Q235A	JB/ZQ 4450—1986	
18	油标	1	Q235A		
17	垫圈10	2	65Mn	GB/T 93—1987	
16	螺母 M10	2	Q235A	GB/T 41	
15	螺栓 M10×35	4	Q235A	GB/T 5782	
14	销 A8×30	2	35	GB/T 117	
13	防松垫片	1	Q215A		
12	轴端挡圈	1	Q235A		
11	螺栓 M6×25	2	Q235A	GB/T 5782	
10	螺栓 M6×20	4	Q235A	GB/T 5782	
9	通气器	1	Q235A		
8	视孔盖	1	Q215A		
7	垫片	1	石棉纸		
6	箱盖	1	HT200		
5	垫圈 12	6	65Mn	GB/T 93—1987	
4	螺母 M12	6	Q235A	GB/T 41	
3	螺栓 M12×100	6	Q235A	GB/T 5782	
2	起盖螺钉 M10×30	1	Q235A	GB/T 5780	
1	箱座	1	HT200		

（标题栏）

齿轮减速器

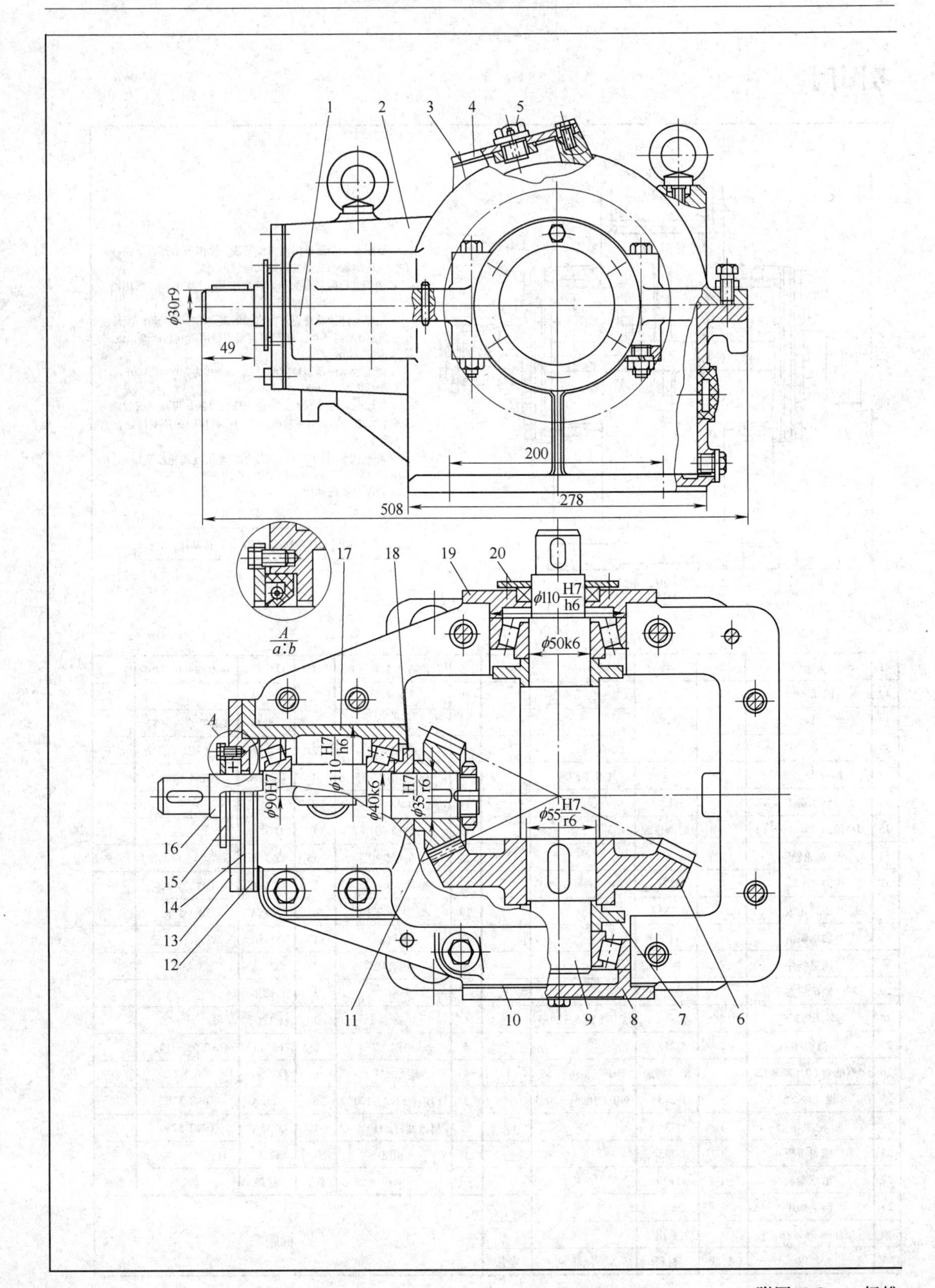
1
2
3
4
5
φ30r9
49
200
278
508
17
18
19
20
φ110 H7/h6
φ50k6
A
a:b
φ110 H7/h6
φ90H7
φ40k6
φ35 H7/r6
φ55 H7/r6
16
15
14
13
12
11
10
9
8
7
6

附图 K-2　一级锥

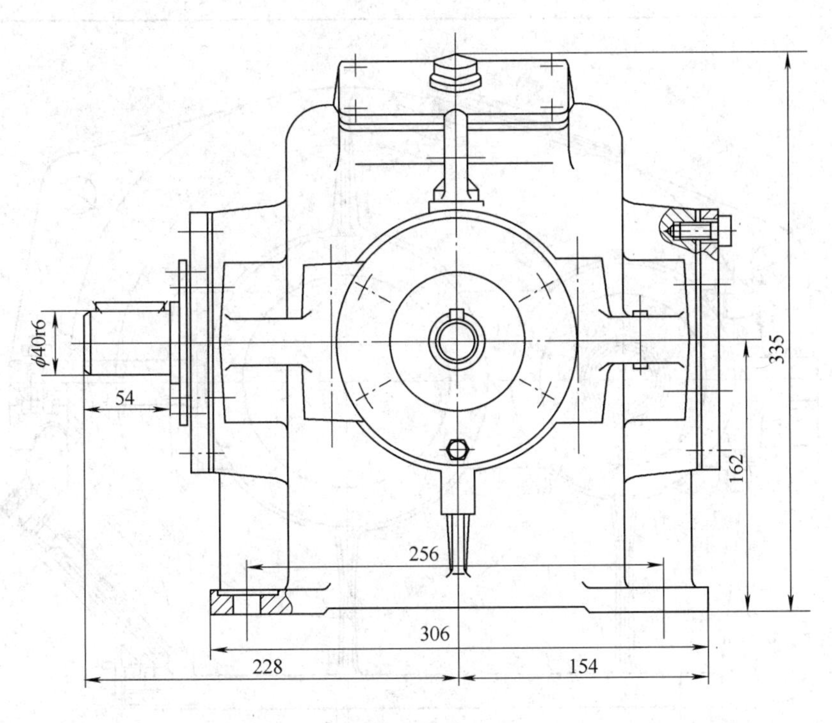

减速器参数

功率	4.5kW	高速轴转速	420r/min	传动比	2

技术要求

1. 装配前，全部零件用煤油清洗，箱体内不许有杂物存在，箱体内壁涂耐油油漆。
2. 用铅丝检验啮合侧隙。其侧隙不小于0.17mm，所用铅丝不得大于最小侧隙的2倍。
3. 用涂色法检验齿面接触斑点，按齿高和齿长接触斑点都不少于50%。
4. 调整轴承时所留轴向间隙如下：高速轴为0.04～0.07mm；低速轴为0.05～0.1mm。
5. 装配时，剖分面不允许使用任何填料，可涂以密封胶或水玻璃。试转时应检查剖分面、各接触面及密封处，均不允许漏油。
6. 减速器内装50号工业齿轮油至规定高度。
7. 表面涂灰色油漆。

序号	名称	数量	材料	备注
20	密封盖	1	Q215A	
19	轴承端盖	1	HT150	
18	挡油环	1	Q235A	
17	套杯	1	HT150	
16	轴	1	45	
15	密封盖板	1	Q215A	
14	调整垫片	1组	08F	
13	轴承端盖	1	HT150	
12	调整垫片	1组	08F	
11	小锥齿轮	1	45	m=5，z=20
10	调整垫片	2组	08F	
9	轴	1	45	

序号	名称	数量	材料	备注
8	轴承端盖	1	HT150	
7	挡油环	2	Q235A	
6	大锥齿轮	1	40	m=5，z=42
5	通气器	1	Q235A	
4	视孔盖	1	Q235A	组件
3	垫片	1	压纸板	
2	箱盖	1	HT150	
1	箱座	1	HT150	

标题栏

齿轮减速器

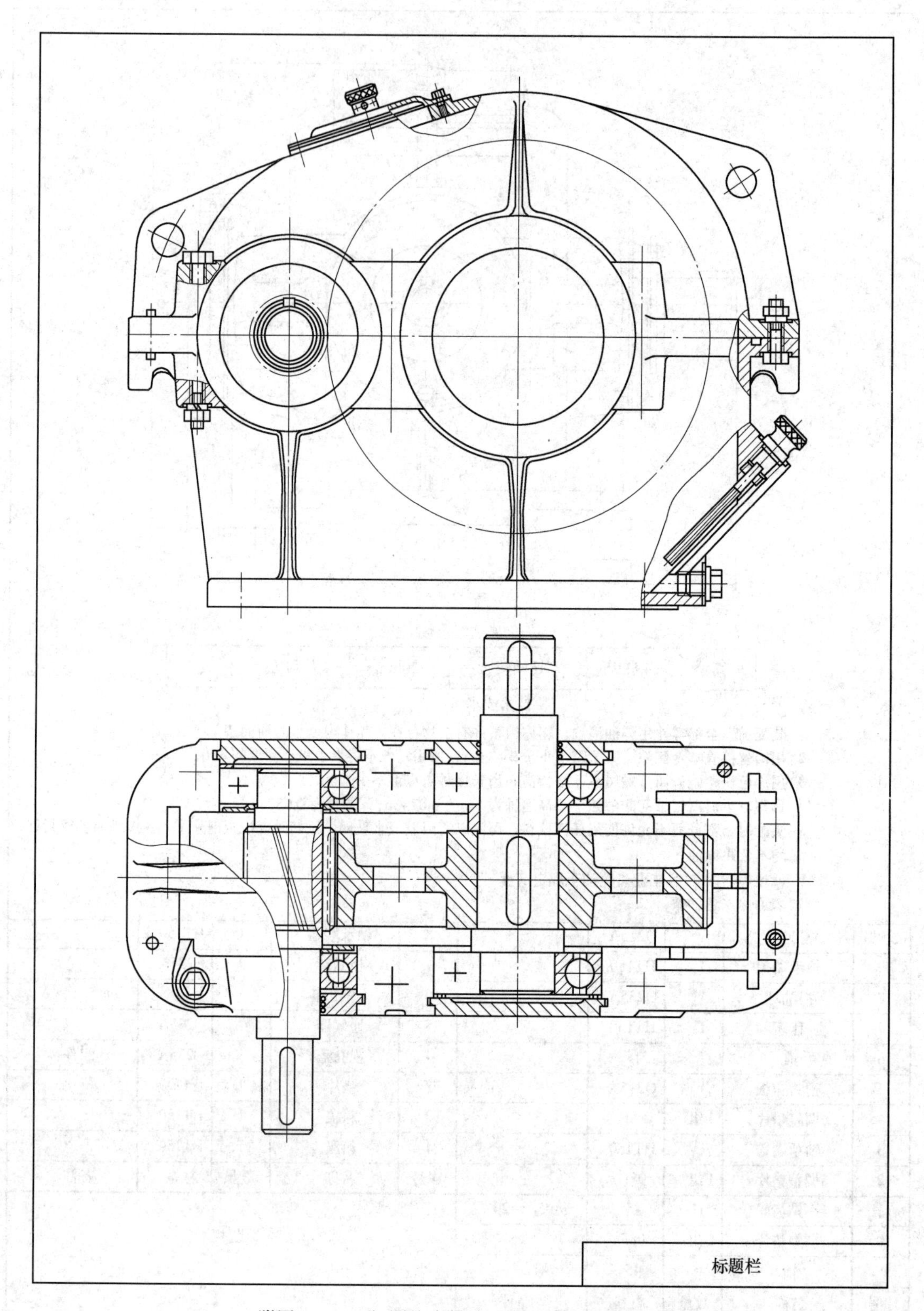

附图 K-3　一级圆柱齿轮减速器（嵌入式端盖）

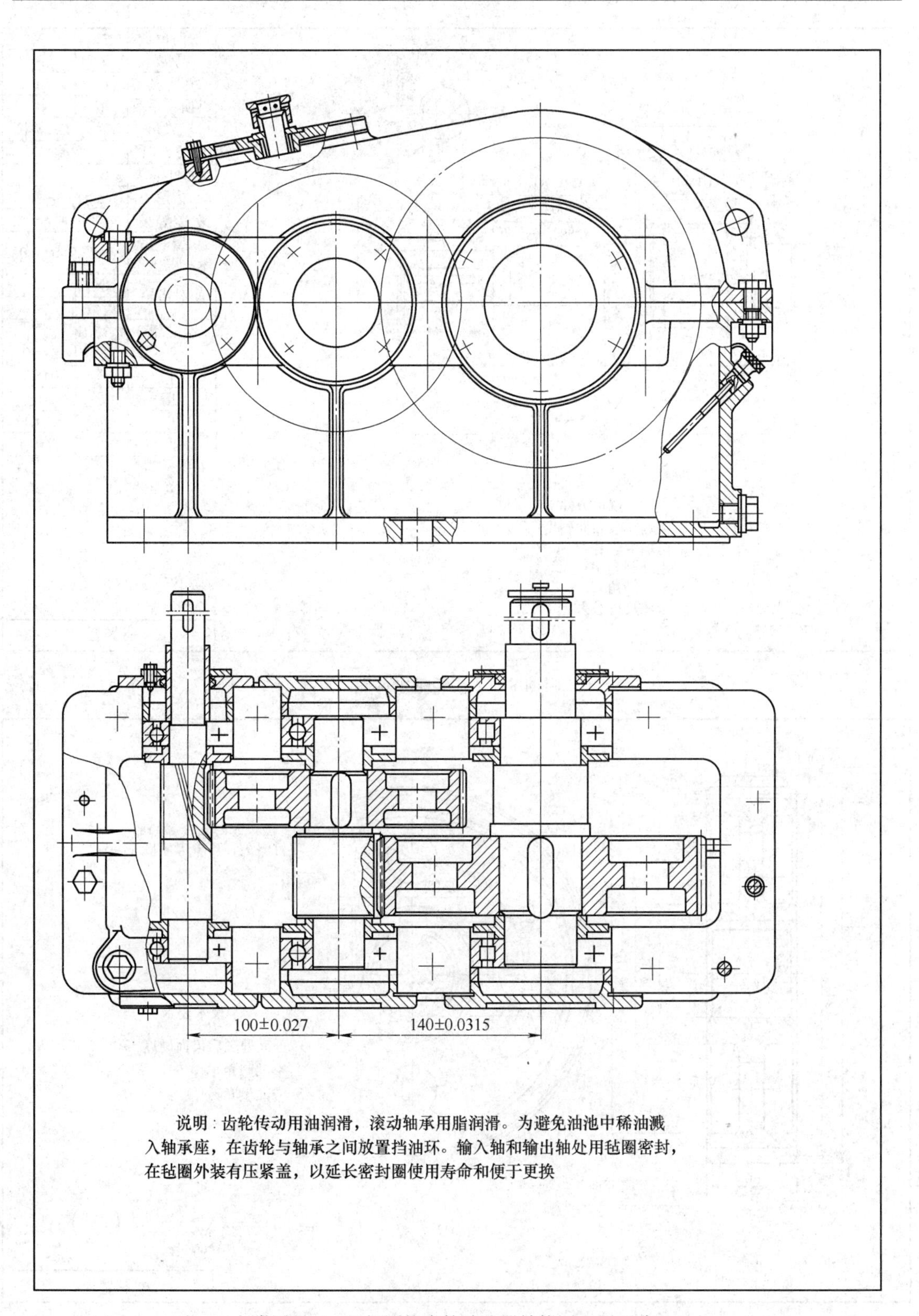

说明：齿轮传动用油润滑，滚动轴承用脂润滑。为避免油池中稀油溅入轴承座，在齿轮与轴承之间放置挡油环。输入轴和输出轴处用毡圈密封，在毡圈外装有压紧盖，以延长密封圈使用寿命和便于更换

附图 K-4　二级圆柱齿轮减速器结构图（展开式）

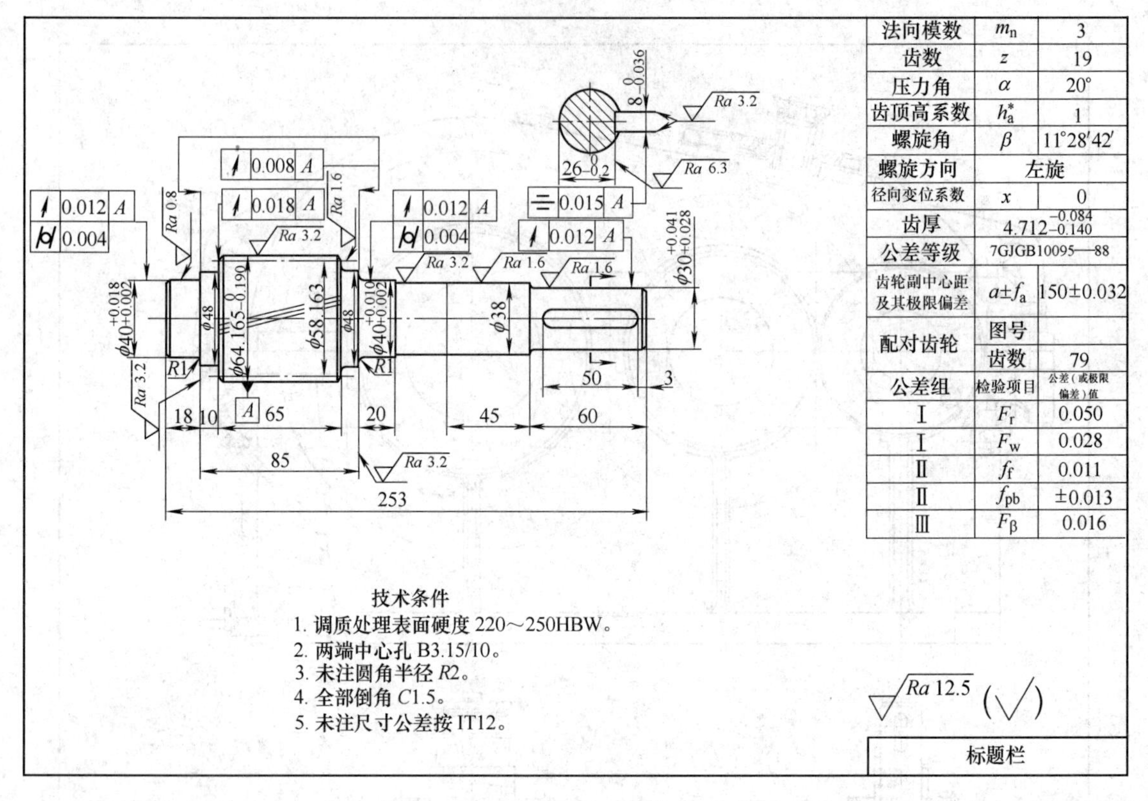

法向模数	m_n	3
齿数	z	19
压力角	α	20°
齿顶高系数	h_a^*	1
螺旋角	β	11°28′42′
螺旋方向	左旋	
径向变位系数	x	0
齿厚	$4.712_{-0.140}^{-0.084}$	
公差等级	7GJGB10095—88	
齿轮副中心距及其极限偏差	$a \pm f_a$	150±0.032
配对齿轮	图号	
	齿数	79
公差组	检验项目	公差（或极限偏差）值
Ⅰ	F_r	0.050
Ⅰ	F_w	0.028
Ⅱ	f_f	0.011
Ⅱ	f_{pb}	±0.013
Ⅲ	F_β	0.016

技术条件

1. 调质处理表面硬度 220～250HBW。
2. 两端中心孔 B3.15/10。
3. 未注圆角半径 $R2$。
4. 全部倒角 $C1.5$。
5. 未注尺寸公差按 IT12。

附图 K-5　齿轮轴零件图

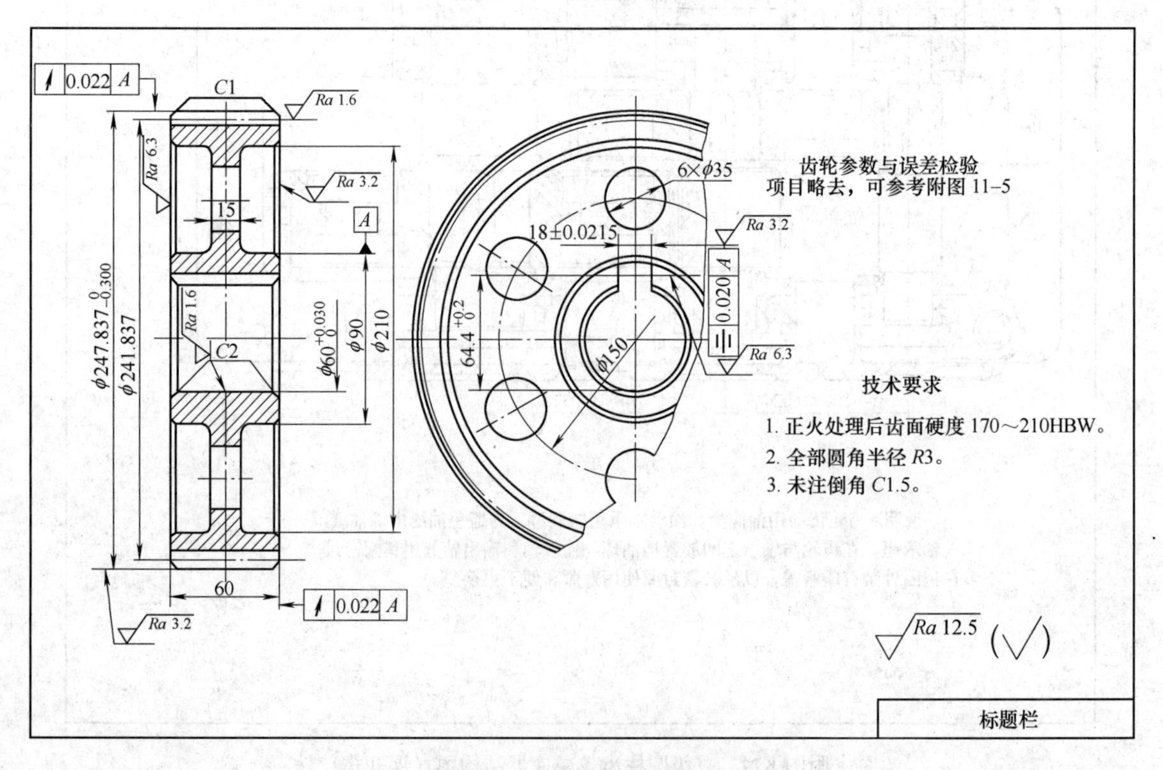

齿轮参数与误差检验项目略去，可参考附图 11-5

技术要求

1. 正火处理后齿面硬度 170～210HBW。
2. 全部圆角半径 $R3$。
3. 未注倒角 $C1.5$。

附图 K-6　直齿圆柱齿轮零件图

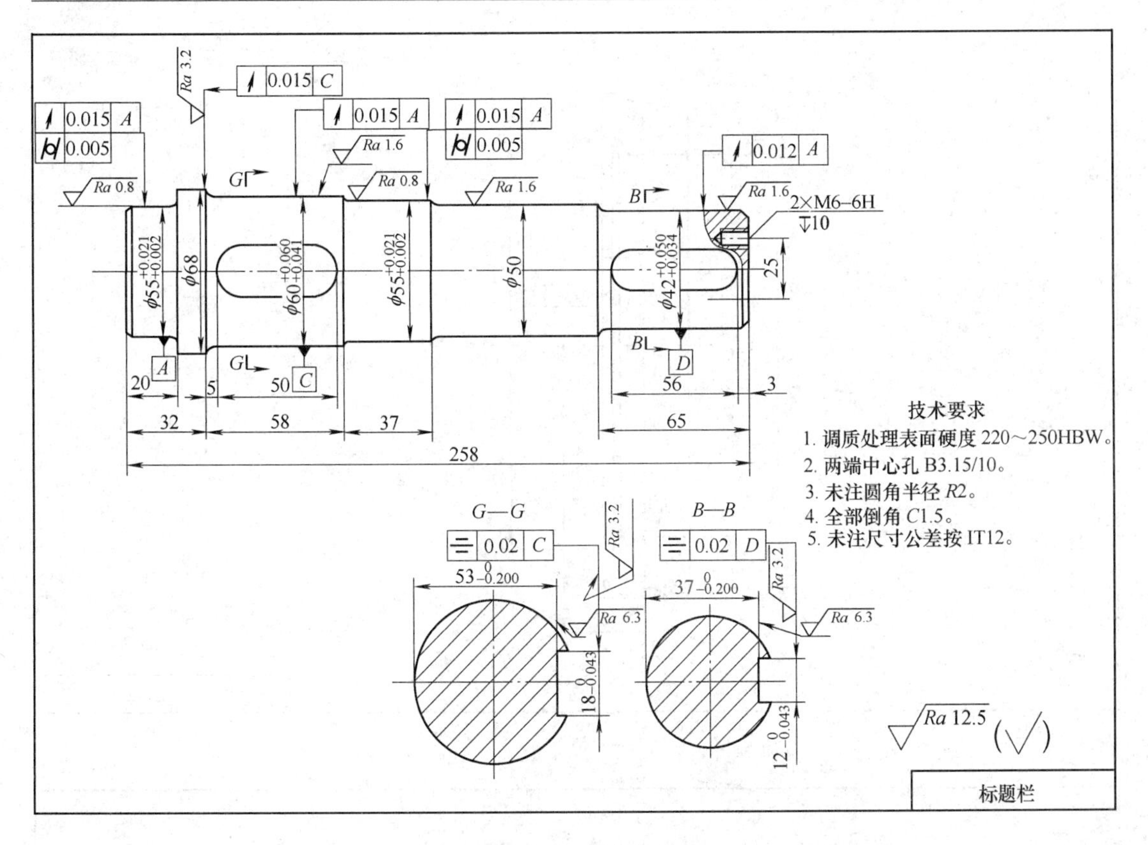

附图 K-7　轴零件图

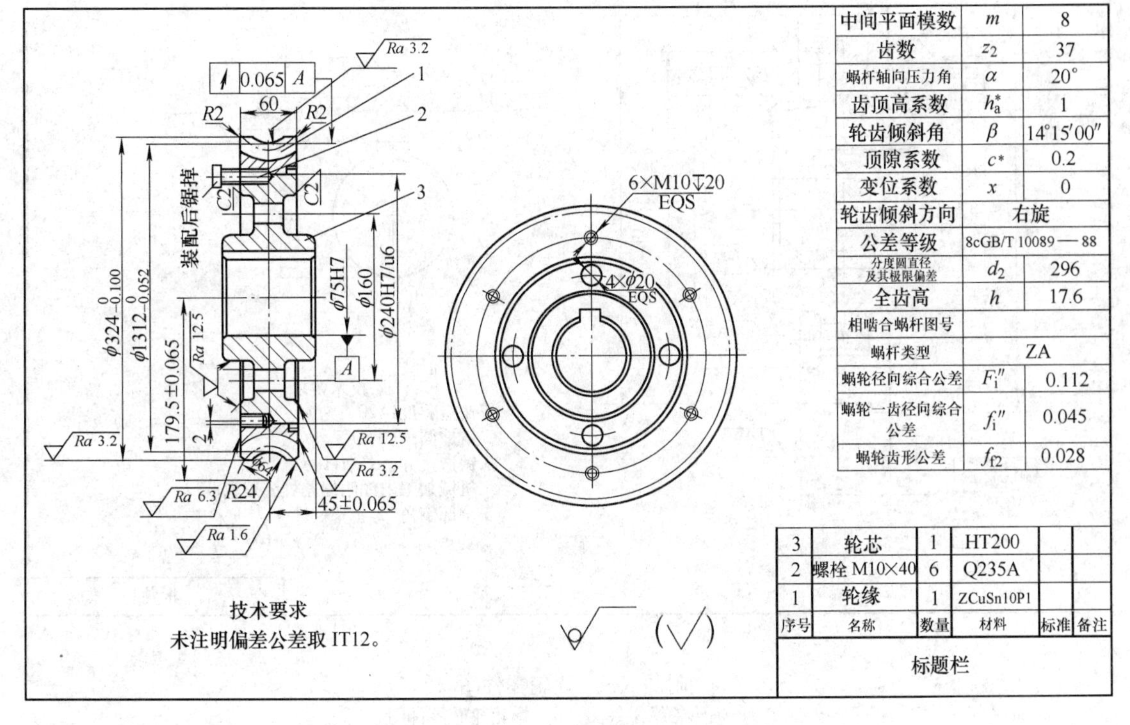

中间平面模数	m	8
齿数	z_2	37
蜗杆轴向压力角	α	20°
齿顶高系数	h_a^*	1
轮齿倾斜角	β	14°15′00″
顶隙系数	c^*	0.2
变位系数	x	0
轮齿倾斜方向	右旋	
公差等级	8cGB/T 10089—88	
分度圆直径及其极限偏差	d_2	296
全齿高	h	17.6
相啮合蜗杆图号		
蜗杆类型	ZA	
蜗轮径向综合公差	F_i''	0.112
蜗轮一齿径向综合公差	f_i''	0.045
蜗轮齿形公差	f_{f2}	0.028

序号	名称	数量	材料	标准	备注
3	轮芯	1	HT200		
2	螺栓 M10×40	6	Q235A		
1	轮缘	1	ZCuSn10P1		

标题栏

附图 K-8　蜗轮部件装配图

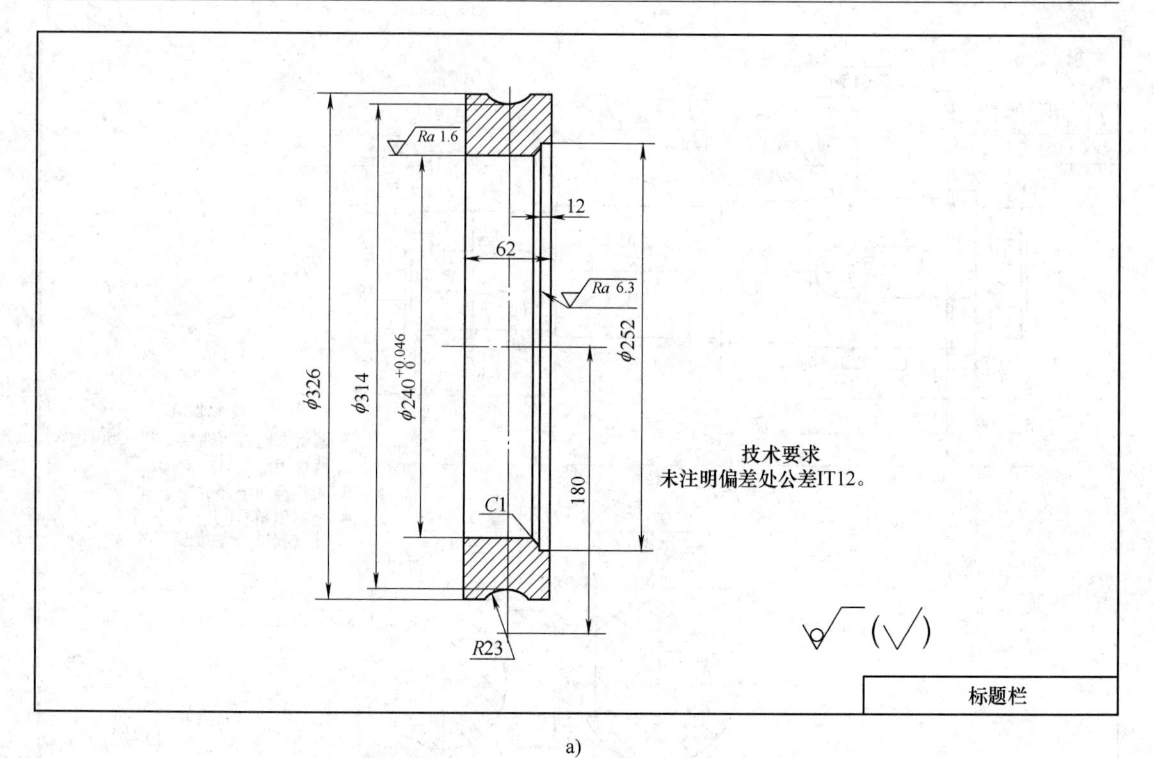

a)

技术要求

1.铸造斜度1∶20。

2.铸造圆角$R3$～$R5$。

3.铸造尺寸公差取IT18。

4.机械加工未注明偏差处公差取IT12。

5.全部倒角$C2$。

标题栏

b)

附图 K-9　蜗轮零件图

a）蜗轮轮缘零件图　b）蜗轮轮芯零件图

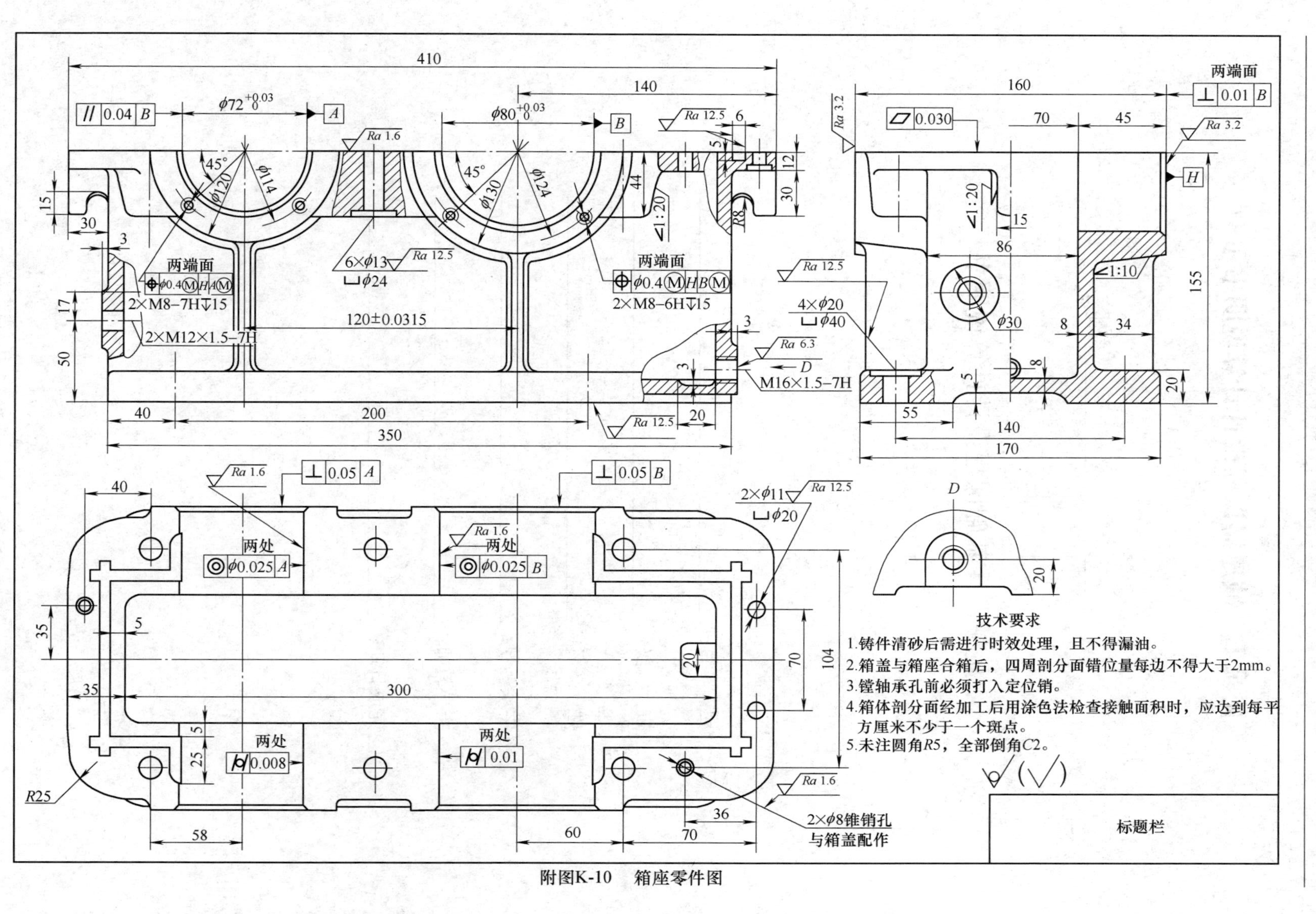
技术要求
1.铸件清砂后需进行时效处理，且不得漏油。
2.箱盖与箱座合箱后，四周剖分面错位量每边不得大于2mm。
3.镗轴承孔前必须打入定位销。
4.箱体剖分面经加工后用涂色法检查接触面积时，应达到每平方厘米不少于一个斑点。
5.未注圆角R5，全部倒角C2。
2×φ8锥销孔
与箱盖配作
两端面
两处
标题栏

附图K-10 箱座零件图

附录 L　减速器课程设计计算说明书示例

______________________学院

机械设计基础课程设计计算说明书

题　　目：______________________

班　　级：______________________

姓　　名：______________________

学　　号：______________________

指导教师：______________________

完成日期：______________________

目　录

机械设计基础课程设计任务书

设计题目：用于带式输送机的单级圆柱齿轮减速器（附图 L-1）

设计要求：连续单向运转，两班制工作，载荷变化不大，空载启动，工作环境有粉尘，输送带允许有 5% 的误差。

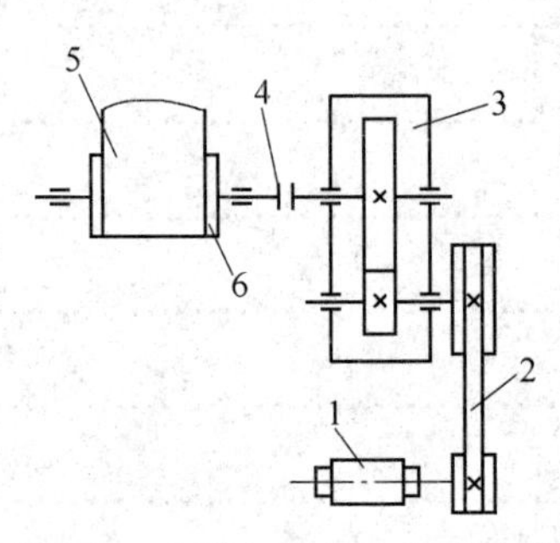

附图 L-1　单级圆柱齿轮减速器

1—电动机　2—V 带传动　3—减速器　4—联轴器　5—运输机　6—运输机卷筒

原始数据：

已知条件	数　据
输送带工作压力	$F=2250\text{N}$
输送带速度	$v=1.34\text{m/s}$
卷筒直径	$D=320\text{mm}$

减速器课程设计计算说明书

设计项目	计算及说明	主要结果
一、确定传动方案	机械传动装置一般由电动机（原动机）、传动装置、工作机和机架组成。单级圆柱齿轮减速器由带传动和齿轮传动组成，根据各种传动的特点，带传动安排在高速级，齿轮传动放在低速级。传动装置的布置如附图 L-1 所示	
二、选择电动机	1. 电动机的选择 工程中普遍采用三相交流异步电动机。其中 Y 型系列电动机具有效率高，起动转矩大，噪声低，运行安全可靠，维修方便等优点，应用最为广泛，因此选择 Y 型全封闭笼型三相异步电动机。 1）电动机额定功率的确定 所需电动机的输出功率为 $P'_d=\dfrac{P_w}{\eta}$ 工作机所需的工作功率为 $P_w=\dfrac{Fv}{1000}$ 所以 $P'_d=\dfrac{Fv}{1000\eta}$ 电动机至运输带之间的总效率（包括工作机效率）为 $\eta=\eta_1\cdot\eta_2^2\cdot\eta_3\cdot\eta_4\cdot\eta_5$ 查表 2-2： 带传动效率 $\eta_1=0.96$，滚动轴承（一对）效率 $\eta_2=0.99$，齿轮传动效率 $\eta_3=0.97$，联轴器效率 $\eta_4=1$，滚筒效率 $\eta_5=0.97$，则 $\eta=0.96\times0.99^2\times0.97\times1\times0.97=0.885$ 所以 $P'_d=\dfrac{Fv}{1000\eta}=\dfrac{2250\times1.34}{1000\times0.885}\text{kW}=3.41\text{kW}$	$P'_d=3.14\text{kW}$

（续）

设计项目	计算及说明	主要结果

2）电动机转速的确定

滚筒的工作转速 $n_w = \dfrac{60 \times 1000v}{\pi D} = \dfrac{60 \times 1000 \times 1.34}{3.14 \times 320}\text{r/min} = 80.02\text{r/min}$

主要结果：$n_w = 80.02\text{r/min}$

按推荐的传动比合理范围，取V带传动的传动比 $i_1 = 2 \sim 4$，一级圆柱齿轮减速器的传动比 $i_2 = 3 \sim 4$，则总传动比的合理范围为 $i = 6 \sim 16$。故电动机转速范围可选为

$$n_d = i \cdot n_w = (6 \sim 16) \times 80.02\text{r/min} = 480.12 \sim 1280.32\text{r/min}$$

查附录H符合这一范围的同步转速有750r/min，1000r/min。现将这两种方案进行对比。根据功率及转速，得到电动机相关参数，并将计算的总传动比列于附表L-1中。

附表L-1　电动机数据及总传动比

方案序号	电动机型号	额定功率/kW	电动机转速（r/min）		总传动比 i
			同步转速	满载转速	
1	Y160M1－8	4	750	720	9
2	Y132M1－6	4	1000	960	12

综合考虑电动机和传动装置的尺寸、质量以及总传动比，选择方案2较为合适，因此电动机的型号为Y132M1－6。

二、选择电动机

2. 总传动比的计算与分配

1）计算总传动比

$$i = n_m / n_w = \frac{960}{80.02} = 12$$

主要结果：$t = 12$

2）分配各级传动比

查表2-4，取V带传动的传动比 $i_1 = 3$

主要结果：$t_1 = 3$

因为　$i = i_1 \cdot i_2$

所以　$i_2 = \dfrac{i}{i_1} = \dfrac{12}{3} = 4$

主要结果：$t_2 = 4$

3. 传动装置运动参数和动力参数的计算

1）计算各轴转速（r/min）

$$n_{\text{I}} = \frac{n_m}{i_1} = \frac{960}{3}\text{r/min} = 320\text{r/min}$$

$$n_{\text{II}} = \frac{n_{\text{I}}}{i_2} = \frac{320}{4}\text{r/min} = 80\text{r/min}$$

$$n_w = n_{\text{II}} = 80.02\text{r/min}$$

2）计算各轴的功率（kW）

$$P_{\text{I}} = P'_d \cdot \eta_1 = 3.41\text{kW} \times 0.96 = 3.27\text{kW}$$

$$P_{\text{II}} = P_{\text{I}} \cdot \eta_{23} = 3.27\text{kW} \times 0.99 \times 0.97 = 3.14\text{kW}$$

$$P_w = P_{\text{II}} \cdot \eta_{24} = 3.14\text{kW} \times 0.99 \times 1 = 3.11\text{kW}$$

主要结果：$P_{\text{I}} = 3.27\text{kW}$，$P_{\text{II}} = 3.14\text{kW}$，$P_w = 3.11\text{kW}$

3）计算各轴转矩

$$T_d = \frac{9550 P'_d}{n_m} = 9550 \times \frac{3.41}{960}\text{N} \cdot \text{m} = 33.92\text{N} \cdot \text{m}$$

主要结果：$T_d = 33.92\text{N} \cdot \text{m}$

$$T_{\text{I}} = \frac{9550 P_{\text{I}}}{n_{\text{I}}} = 9550 \times \frac{3.27}{320}\text{N} \cdot \text{m} = 97.59\text{N} \cdot \text{m}$$

主要结果：$T_{\text{I}} = 97.59\text{N} \cdot \text{m}$

（续）

<table>
<tr><th>设计项目</th><th>计算及说明</th><th>主要结果</th></tr>
<tr><td>二、选择电动机</td><td>

$$T_{Ⅱ} = \frac{9550P_{Ⅱ}}{n_{Ⅱ}} = 9550 \times \frac{3.14}{80.02}\mathrm{N \cdot m} = 374.74\mathrm{N \cdot m}$$

$$T_{w} = \frac{9550P_{w}}{n_{w}} = 9550 \times \frac{3.11}{80.02}\mathrm{N \cdot m} = 371.16\mathrm{N \cdot m}$$

现将传动装置运动参数和动力参数的计算结果列于附表 L-2 中，供以后计算使用。

附表 L-2　各轴的运动和动力参数

<table>
<tr><th>轴名</th><th>功率
P/kW</th><th>转矩
T/（N·m）</th><th>转速
n/（r·min）</th><th>传动比 i</th></tr>
<tr><td>电动机</td><td>3.41</td><td>33.92</td><td>960</td><td>3</td></tr>
<tr><td>Ⅰ轴</td><td>3.27</td><td>97.59</td><td>320</td><td>4</td></tr>
<tr><td>Ⅱ轴</td><td>3.14</td><td>374.74</td><td>80.02</td><td></td></tr>
<tr><td>滚筒轴</td><td>3.11</td><td>371.16</td><td>80.02</td><td>1</td></tr>
</table>

</td><td>$T_{Ⅱ} = 374.74\mathrm{N \cdot m}$

$T_{w} = 371.16\mathrm{N \cdot m}$</td></tr>
<tr><td>三、传动零件的设计计算</td><td>

1. V 带传动的设计计算

1）确定计算功率 P_c（kW）

$$P_c = K_A P$$

查机械设计基础教材表 5-7 取 $K_A = 1.0$

则　$P_c = K_A P = 1.0 \times 4\mathrm{kW} = 4\mathrm{kW}$

2）选择 V 带的型号

根据计算功率 $P_c = 4\mathrm{kW}$ 和小带轮的转速 $n = 960\mathrm{r/min}$，查机械设计基础教材图 5-10 初步选定 A 型 V 带。

3）确定带轮的基准直径 d_{d1}、d_{d2}

查机械设计基础教材表 5-3 取 $d_{d1} = 100\mathrm{mm}$

由 $i = \frac{d_{d2}}{d_{d1}}$ 则 $d_{d2} = i \cdot d_{d1} = 3 \times 100\mathrm{mm} = 300\mathrm{mm}$

查机械设计基础教材表 5－3 取 $d_{d2} = 300\mathrm{mm}$

则实际传动比 i 和从动轮的实际转速分别为

$$i = \frac{d_{d2}}{d_{d1}} = \frac{300}{100} = 3$$

$$n_2' = \frac{n_1}{i} = \frac{960}{3}\mathrm{r/min} = 320\mathrm{r/min}$$

从动轮的转速误差率为

$$\frac{320 - 320}{320} \times 100\% = 0$$

在 ±5% 以内，符合要求。

4）验算带速

$$v = \frac{\pi d_{d1} n_1}{60 \times 1000} = \frac{3.14 \times 100 \times 960}{60 \times 1000}\mathrm{m/s} = 5.024\mathrm{m/s}$$

在 5～25m/s 范围内，所以合适。

5）确定中心距 a 和带的基准长度 L_d

</td><td>$P_c = 4\mathrm{kW}$

$d_{d1} = 100\mathrm{mm}$

$d_{d2} = 300\mathrm{mm}$

$v = 5.024\mathrm{m/s}$</td></tr>
</table>

（续）

设计项目	计算及说明	主要结果
	初定中心距：$0.7(d_{d1}+d_{d2}) \leqslant a_0 \leqslant 2(d_{d1}+d_{d2})$ $0.7(100+300)\text{mm} \leqslant a_0 \leqslant 2(100+300)\text{mm}$ $280\text{mm} \leqslant a_0 \leqslant 800\text{mm}$ 取 $a_0 = 540\text{mm}$ 初算带的基准长度 $L_0 = 2a_0 + \frac{\pi}{2}(d_{d1}+d_{d2}) + \frac{(d_{d2}-d_{d1})^2}{4a_0}$ $= 2\times540\text{mm} + \frac{3.14}{2}\times(100+300)\text{mm} + \frac{(300-100)^2}{4\times540}\text{mm}$ $= 1726.52\text{mm}$	$L_d = 1800\text{mm}$
	查机械设计基础教材表5-2 取 $L_d = 1800\text{mm}$ 则实际中心距为 $a \approx a_0 + \frac{L_d - L_0}{2} = 540\text{mm} + \frac{1800-1726.52}{2}\text{mm} = 576.74\text{mm}$	$a = 580\text{mm}$
三、传动零件的设计计算	取 $a = 580\text{mm}$ 考虑到安装调试和张紧的需要，中心距大约有 ±54mm 的调整量。 6）验算小带轮包角 α_1 $\alpha_1 = 180° - \frac{d_{d2}-d_{d1}}{a}\times57.3°$ $= 180° - \frac{300-100}{580}\times57.3°$ $= 160.24° > 120°$ 故包角合适。	$\alpha_1 = 160.24°$
	7）确定带的根数 z $z \geqslant \frac{P_c}{[P_0]} = \frac{P_c}{(P_0+P_0)K_\alpha K_L}$ 查机械设计基础教材表5-4，$P_0 = 0.96\text{kW}$ 查机械设计基础教材表5-5，$\Delta P_0 = 0.12\text{kW}$ 查机械设计基础教材表5-6，$K_\alpha = 0.95$ 查机械设计基础教材表5-2，$K_L = 1.01$ $z \geqslant \frac{P_c}{[P_0]} = \frac{P_c}{(P_0+\Delta P_0)K_\alpha K_L} = \frac{4}{(0.96+0.12)\times0.95\times1.01}$ $= 3.86$ 取 $z = 4$ 根。	$z = 4$ 根
	8）确定初拉力 F_0 查机械设计基础教材表5-1，$q = 0.11\text{kg/m}$ $F_0 = \frac{500P_c}{zv}\left(\frac{2.5}{K_\alpha}-1\right) + qv^2 = \frac{500\times4}{4\times5.024}\left(\frac{2.5}{0.95}-1\right)\text{N} + 0.11\times5.024^2\text{N}$ $= 165.16\text{N}$ 9）计算作用在轴上的压力 F_Q $F_Q = 2zF_0\sin\frac{\alpha_1}{2} = 2\times4\times165.16\text{N}\times\sin\frac{160.24°}{2} = 1301.68\text{N}$	

（续）

设计项目	计算及说明	主要结果
	10）带轮结构的设计	
	小带轮和大带轮均采用 HT200 材料，查机械设计基础教材图 5-13 和表 5-8 得，$h_a = 2.75\text{mm}$，$f = 10\text{mm}$，$e = 45\text{mm}$。小带轮采用实心式结构，大带轮采用腹板式结构。具体参数如下：	$d_{d1} = 100\text{mm}$
	$d_{d1} = 100\text{mm}, d_{a1} = d_{d1} + 2h_a = 100\text{mm} + 2 \times 2.75\text{mm} = 105.5\text{mm}$	$d_{a1} = 105.5\text{mm}$
	$d_{d2} = 300\text{mm}, d_{a2} = d_{d2} + 2h_a = 300\text{mm} + 2 \times 2.75\text{mm} = 305.5\text{mm}$	$d_{d2} = 300\text{mm}$
	$B = (z-1)e + 2f = (4-1) \times 45\text{mm} + 2 \times 10\text{mm} = 155\text{mm}$	$d_{a2} = 305.5\text{mm}$
	2. 齿轮传动的设计计算	$B = 155\text{mm}$
	1）选择材料，热处理方式以及精度等级	
	该减速器齿轮可选用一般的齿轮材料，查机械设计基础教材表 7-7 和表 7-8，确定该齿轮为软齿面，小齿轮选用 45 钢，调质处理，齿面硬度为 230HBW，大齿轮选用 45 钢，正火处理，齿面硬度为 190HBW，齿面硬度差为 40HBW，符合要求。	
	查机械设计基础教材表 7-9，初选精度为 8 级精度。	
	2）按齿面接触疲劳强度设计	
	$d_1 \geqslant 76.43 \sqrt[3]{\dfrac{KT_{\text{I}}(\mu+1)}{\psi_d \mu [\sigma_H]^2}}$	
	查机械设计基础教材表 7-10，$K = 1.1$	
	齿宽系数取 $\psi_d = 1$	
	前面已经计算得 $T_{\text{I}} = 97.59\text{N} \cdot \text{m} = 97590\text{N} \cdot \text{mm}$，$\mu = 4$，	
三、传动零件的设计计算	确定许用应力 $[\sigma_H] = \dfrac{Z_{NT}\sigma_{lim}}{S_H}$	
	由工作条件可知：使用 10 年，单班制，可求齿轮的工作寿命 L_h	
	$L_{h1} = L_{h2} = 10 \times 300 \times 8 \times 1\text{h} = 24000\text{h}$	
	则应力循环次数	
	$N_1 = 60 n_{\text{I}} j L_{h1} = 60 \times 320\text{r/min} \times 1 \times 24000 = 4.6 \times 10^8 \text{r/min}$	$N_1 = 4.6 \times 10^8$
	$N_2 = 60 n_{\text{II}} j L_{h2} = 60 \times 80.02\text{r/min} \times 1 \times 24000 = 1.15 \times 10^8 \text{r/min}$	$N_2 = 1.15 \times 10^8$
	查机械设计基础教材图 7-27，$Z_{NT1} = 1.06, Z_{NT2} = 1.14$。	
	$Y_{NT1} = 1, Y_{NT2} = 1$	
	查机械设计基础教材表 7-12　$S_H = 1.0$	
	查机械设计基础教材图 7-28 $\sigma_{Hlim1} = 590\text{MPa}, \sigma_{Hlim2} = 540\text{MPa}$	
	则 $[\sigma_H]_1 = \dfrac{Z_{NT1}\sigma_{Hlim1}}{S_H} = \dfrac{1.06 \times 590}{1}\text{MPa} = 625.4\text{MPa}$	
	$[\sigma_H]_2 = \dfrac{Z_{NT2}\sigma_{Hlim2}}{S_H} = \dfrac{1.14 \times 540}{1}\text{MPa} = 615.6\text{MPa}$	
	取 $[\sigma_H] = [\sigma_H]_2 = 615.6\text{MPa}$	
	代入公式	
	$d_1 \geqslant 76.43 \sqrt[3]{\dfrac{KT_{\text{I}}(\mu+1)}{\psi_d \mu [\sigma_H]^2}} = 76.43 \sqrt[3]{\dfrac{1.1 \times 97590 \times (4+1)}{1 \times 4 \times 615.6^2}}\text{mm} = 54.07\text{mm}$	$d_1 \geqslant 54.07\text{mm}$
	3）确定基本参数，计算齿轮的几何尺寸	$z_1 = 28$
	选择齿数 $z_1 = 28$，则 $z_2 = i \cdot z_1 = 4 \times 28 = 112$	$z_2 = 112$

（续）

设计项目	计算及说明	主要结果
	确定模数 $m=\frac{d_1}{z_1}=\frac{54.07}{28}\text{mm}=1.93\text{mm}$	
	查机械设计基础教材 P79 表 7-2 取 $m=2\text{mm}$	$m=2\text{mm}$
	故齿轮的几何尺寸为	
	$d_1=mz_1=2\text{mm}\times28=56\text{mm}$	$d_1=56\text{mm}$
	$d_{a1}=m(z_1+2)=2\text{mm}\times(28+2)=60\text{mm}$	$d_{a1}=60\text{mm}$
	$d_{f1}=m(z_1-2.5)=2\text{mm}\times(28-2.5)=51\text{mm}$	$d_{f1}=51\text{mm}$
	$d_2=mz_2=2\text{mm}\times112=224\text{mm}$	$d_2=224\text{mm}$
	$d_{a2}=m(z_2+2)=2\text{mm}\times(112+2)=228\text{mm}$	$d_{a2}=228\text{mm}$
	$d_{f2}=m(z_2-2.5)=2\text{mm}\times(112-2.5)=219\text{mm}$	$d_{f2}=219\text{mm}$
	4）确定中心距和齿宽	
	$a=\frac{m}{2}(z_1+z_2)=\frac{2}{2}\text{mm}\times(28+112)=140\text{mm}$	
	$b=\psi_d\cdot d_1=1\times56\text{mm}=56\text{mm}$	
	为了补偿两齿轮轴向尺寸的误差，使小齿轮的宽度略大于大齿轮，故取 $b_1=60\text{mm}, b_2=56\text{mm}$。	$b_1=60\text{mm}$ $b_2=56\text{mm}$
	5）校核齿根弯曲疲劳强度	
	由公式 $\sigma_{F1}=\frac{2KT_1Y_{F1}Y_{S1}}{bm^2z_1}\leqslant[\sigma_F]_1$	
三、传动零件的设计计算	$\sigma_{F2}=\sigma_{F1}\frac{Y_{F2}Y_{S2}}{Y_{F1}Y_{S1}}\leqslant[\sigma_F]_2$	
	查机械设计基础教材表 7-13 和表 7-14：取 $Y_{F1}=2.58, Y_{F2}=2.178$	
	$Y_{S1}=1.61, Y_{S2}=1.809$	
	查机械设计基础教材图 7-30 取 $\sigma_{Flim1}=230\text{MPa}, \sigma_{Flim2}=210\text{MPa}$	
	查机械设计基础教材表 7-12，取 $S_F=1.4$	
	由前面可知：取 $Y_{NT1}=1, Y_{NT2}=1$	
	$[\sigma_F]_1=\frac{Y_{NT1}\sigma_{Flim1}}{S_F}=\frac{1\times230}{1.4}\text{MPa}=164.29\text{MPa}$	$[\sigma_F]_1=164.29\text{MPa}$
	$[\sigma_F]_2=\frac{Y_{NT2}\sigma_{Flim2}}{S_F}=\frac{1\times210}{1.4}\text{MPa}=150\text{MPa}$	$[\sigma_F]_2=150\text{MPa}$
	因此	
	$\sigma_{F1}=\frac{2K\text{T}_1Y_{F1}Y_{S1}}{bm^2z_1}=\frac{2\times1.1\times97590\times2.58\times1.61}{56\times2^2\times28}\text{MPa}=142.19\text{MPa}\leqslant[\sigma_F]_1$	$\sigma_{F1}\leqslant[\sigma_F]_1$
	故安全	
	$\sigma_{F2}=\sigma_{F1}\frac{Y_{F2}Y_{S2}}{Y_{F1}Y_{S1}}=142.19\times\frac{2.178\times1.809}{2.58\times1.61}\text{MPa}=134.87\text{MPa}\leqslant[\sigma_F]_2$	$\sigma_{F2}\leqslant[\sigma_F]_2$
	故安全	
	6）验算圆周速度	
	$v=\frac{\pi d_1n_1}{60\times1000}=\frac{3.14\times56\times320}{60\times1000}\text{m/s}=0.94\text{m/s}\leqslant5\text{m/s}$	$v=0.94\text{m/s}$
	故 8 级精度合适。	

（续）

设计项目	计算及说明	主要结果
三、传动零件的设计计算	7）齿轮的结构设计 注：齿轮的结构选择还要考虑到箱体的结构，轴的直径等参数，因此这些内容可在后面轴和减速器箱体的设计过程中逐步完善补充。一定要切记每一步设计都不是独立的，而是相互关联的。 铸铁减速器箱体结构设计（单位：mm）	
四、轴的设计计算	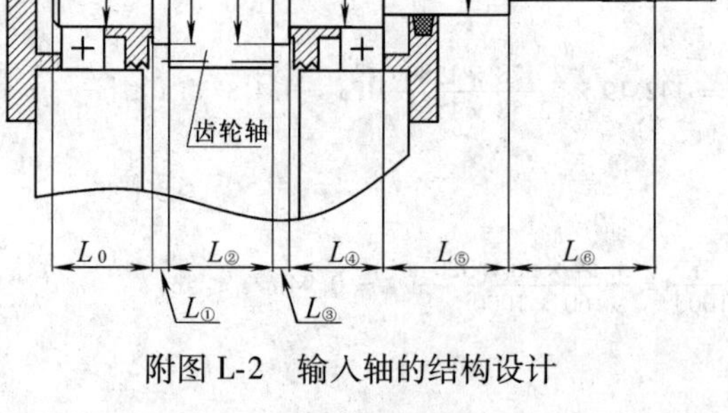 课程设计时，进入轴的设计计算时期，就应该进入画草图阶段了，要边设计边计算，边计算边画图，边画图边修改。 1. 输入轴的设计计算 （1）选择轴的材料 因无特殊要求，故选 45 钢，正火处理。 查机械设计基础教材表 11-1 $[\sigma_{-1b}] = 55MPa$，取 $C = 114$。 （2）初算轴的最小直径 $d \geqslant C\sqrt[3]{\frac{P_{\mathrm{I}}}{n_{\mathrm{I}}}} = 114 \times \sqrt[3]{\frac{3.27}{320}}mm = 24.74mm$ 因最小直径与带轮配合，故一定有键槽，可以将轴径加大 5%。 即 $d = 24.74mm \times (1 + 5\%) = 25.977mm$，取 $d = 26mm$。 （3）轴的结构设计 由于是单级齿轮减速器，轴上安装一个齿轮，一个带轮，因此齿轮在箱体中采用居中对称布置，两个轴承安装在箱体的轴承孔内相对于齿轮对称布置，带轮安装在箱体的外面一侧。经设计，小齿轮做成齿轮轴结构，因此不需要考虑从左端或右端装配及轴向固定，但轴承需要挡油环和轴承端盖进行轴向固定。结构设计如附图 L-2 所示。 与带轮配合的轴段是最小直径取 $d_⑥ = 26mm$，轴长 $L_⑥$ 比带轮的宽度短 2 ~ 3mm，查机械设计基础教材表 5-8，带轮宽度 $B = (z-1)e + 2f = (4-1) \times 45mm + 2 \times 10mm = 155mm$ 因此，取 $L_⑥ = 152mm$。 附图 L-2　输入轴的结构设计	$d = 26mm$ $d_⑥ = 26mm$ $L_⑥ = 152mm$

（续）

设计项目	计算及说明	主要结果
	计算与轴承端盖配合的轴段直径 $d_⑤$ 和长度 $L_⑤$，取轴肩高度 $h = 3\text{mm}$，轴承端盖凸缘的厚度 e 取 10mm，轴承端盖止口长度 m 取 19mm，拆卸轴承盖螺钉所需的距离 L 取 20mm，则	
	$d_⑤ = d_⑥ + 2h = 26\text{mm} + 2 \times 3\text{mm} = 32\text{mm}$, $L_⑤ = L + e + m = 20\text{mm} + 10\text{mm} + 19\text{mm} = 49\text{mm}$	$d_⑤ = 32\text{mm}$ $L_⑤ = 49\text{mm}$
	计算与轴承 1 配合的轴段直径 $d_④$ 和长度 $L_④$。取轴肩高度 $h = 1.5\text{mm}$，则 $d_④ = d_⑤ + 2h = 32\text{mm} + 2 \times 1.5\text{mm} = 35\text{mm}$	$d_④ = 35\text{mm}$
	由于轴段 d_0 和轴段 $d_④$ 装同一型号轴承，故 $d_0 = d_④ = 35\text{mm}$。	$d_0 = 35\text{mm}$
	挡油环用轴环进行轴向定位，因此取 $L_③ = L_① = 6\text{mm}$。查机械设计基础课程设计指导书，初选 6207 型轴承，查附表 J-1，得轴承宽度为 17mm，取小齿轮端面与箱体内壁之间的距离 $\Delta_2 = 10\text{mm}$，轴承端面与箱体内壁之间的距离 $\Delta_3 = 14\text{mm}$，则	$L_③ = L_① = 6\text{mm}$
	$L_④ = \text{轴承宽度} + \Delta_2 + \Delta_3 - L_③ = 17\text{mm} + 10\text{mm} + 14\text{mm} - 6\text{mm} = 35\text{mm}$	$L_④ = 35\text{mm}$
	轴承内圈采用挡油环定位，外圈用轴承端盖固定，轴承的润滑方式取决与 dn 值，$dn = 35 \times 320\text{mm} \cdot \text{r/min} = 1.12 \times 10^4 \text{mm} \cdot \text{r/min}$ 查机械设计基础教材表 12－15，润滑方式为脂润滑。	
	取轴肩高度 $h = 2.5\text{mm}$，则轴径 $d_③ = 40\text{mm}$，由于轴段 $d_①$ 和轴段 $d_③$ 同为轴肩，齿轮轴上对称布置，所以 $d_① = d_③ = 40\text{mm}$。	$d_① = d_③ = 40\text{mm}$
四、轴的设计计算	因满足 $y \leqslant 2.5m = 7.5\text{mm}$，故将齿轮和轴做成一体，即齿轮轴。所以轴段 $d_②$ 的直径 $d_② = \text{小齿轮的齿顶圆直径 } d_{a1} = 60\text{mm}$, 长度 $L_② = \text{小齿轮的宽度 } b_1 = 60\text{mm}$	$d_② = 60\text{mm}$ $L_② = 60\text{mm}$
	与轴承配合的轴段长度 $L_0 = \text{轴承宽度} + \Delta_2 + \Delta_3 + 1 - L_① = 17 + 10 + 14 + 1 - 6 = 36\text{mm}$。	$L_0 = 36\text{mm}$
	2. 输出轴的设计计算 （1）选择轴的材料 因无特殊要求，故选 45 钢，正火 查机械设计基础教材表 11-1，得 $[\sigma_{-1b}] = 55\text{MPa}$，取 $C = 114$ （2）初算轴的最小直径 $d \geqslant C\sqrt[3]{\frac{P_{\text{II}}}{n_{\text{II}}}} = 114 \times \sqrt[3]{\frac{3.14}{80.02}}\text{mm} = 38.74\text{mm}$ 因最小的直径与联轴器配合，故有一定的键槽，可将轴径加大 5%。 即　$d = 38.74 \times (1 + 5\%) = 40.68\text{mm}$ 选凸缘联轴器，取其标准内孔直径 $d = 42\text{mm}$。 （3）轴的结构设计 由于是单级齿轮减速器，轴上安装一个齿轮，一个联轴器，因此齿轮在箱体中采用居中对称布置，两个轴承安装在箱体的轴承孔内相对于齿轮对称布置，联轴器安装在箱体的外面一侧，为保证齿轮的轴向固定，还应在齿轮和轴承之间加一个套筒。为了兼顾轴的平衡，齿轮、左套筒、左轴承依次从左侧装入，右套筒、右轴承依次从右侧装入。结构设计如附图 L-3 所示。	

（续）

设计项目	计算及说明	主要结果
	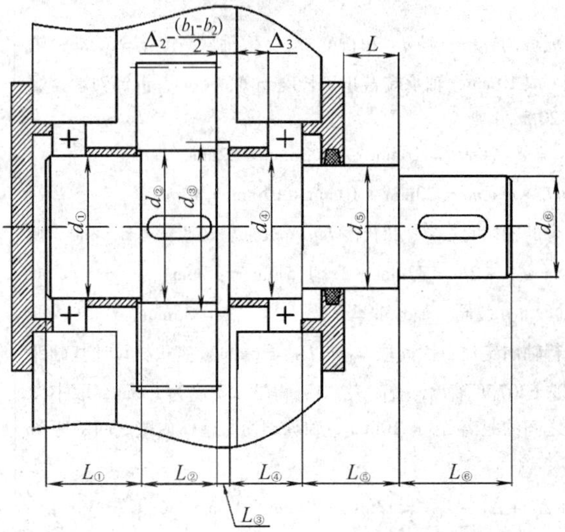 附图 L-3　输出轴的结构设计	
四、轴的设计计算	与联轴器配合的轴段是最小直径，取 $d_{⑥}=42\text{mm}$，查机械设计基础课程设计指导书，选择 J_1 型凸缘联轴器，联轴器的轴孔长度 $L=84\text{mm}$，与之配合的轴段长度要短 2mm，因此取 $L_{⑥}=82\text{mm}$。	$d_{⑥}=42\text{mm}$ $L_{⑥}=82\text{mm}$
	计算与轴承端盖配合的轴段直径 $d_{⑤}$ 和长度 $L_{⑤}$，定位轴肩 $h=3\text{mm}$，轴承端盖凸缘的厚度 e 取 10mm，轴承端盖止口长度 m 取 19mm，拆卸轴承盖螺钉及拆卸联轴器螺钉所需的距离 L 取 40mm，则 $$d_{⑤}=d_{⑥}+2h=42\text{mm}+2\times3\text{mm}=48\text{mm}$$ $$L_{⑤}=L+e+m=40\text{mm}+10+19\text{mm}=69\text{mm}。$$	$d_{⑤}=48\text{mm}$ $L_{⑤}=69\text{mm}$
	计算与轴承配合的轴段直径 $d_{④}$ 和长度 $L_{④}$。为了配合轴承孔直径，取轴肩高度 $h=1\text{mm}$，则 $$d_{④}=d_{⑤}+2h=48\text{mm}+2\times1\text{mm}=50\text{mm}$$ 由于轴段 $d_{①}$ 和轴段 $d_{④}$ 装同一型号轴承，故 $d_{①}=d_{④}=50\text{mm}$。	$d_{①}=d_{④}=50\text{mm}$
	取轴肩 $h=1\text{mm}$，那么与齿轮配合的轴段直径 $d_{②}=d_{①}+2h=50\text{mm}+2\times1\text{mm}=52\text{mm}$，长度 $L_{②}=$ 大齿轮宽度 $b_2-2\text{mm}=56\text{mm}-2\text{mm}=54\text{mm}$。	$d_{②}=52\text{mm}$ $L_{②}=54\text{mm}$
	由于齿轮右侧用轴环进行轴向定位，取轴肩 $h=3.5\text{mm}$，则 $$d_{③}=d_{②}+2h=52\text{mm}+2\times3.5\text{mm}=59\text{mm},L_{③}=6\text{mm}。$$	$d_{③}=59\text{mm}$ $L_{③}=6\text{mm}$
	查机械设计基础课程设计指导书，初选 6210 型轴承，查附表 J-1，得轴承宽度为 20mm。小齿轮端面与箱体内壁之间的距离 $\Delta_2=10\text{mm}$，轴承端面与箱体内壁之间的距离 $\Delta_3=14\text{mm}$， $$L_{④}=\text{轴承宽度}+(\Delta_2-\frac{b_1-b_2}{2})+\Delta_3-L_{③}$$ $$=20\text{mm}+\left(10-\frac{60-56}{2}\right)\text{mm}+14\text{mm}-6\text{mm}=36\text{mm}$$	$L_{④}=36\text{mm}$
	查机械设计基础课程设计指导书，初选轴承型号为 6210 型，轴承的润滑方式取决与 dn 值，$dn=50\times80.02\text{mm}\cdot\text{r/min}=0.4\times10^4\text{mm}\cdot\text{r/min}$	

（续）

设计项目	计算及说明	主要结果
	查机械设计基础教材表12-15 润滑方式为脂润滑。	
	该轴承内圈用套筒固定，外圈用轴承端盖固定。	
	与轴承配合的轴段长度	
	$L_{①} = 轴承宽度 + (\Delta_2 - \frac{b_1 - b_2}{2}) + \Delta_3 + 2mm$	$L_{①} = 44mm$
	$= 20mm + \left(10 - \frac{60 - 56}{2}\right)mm + 14mm + 2mm = 44mm$	
	（4）校核输出轴的强度	
	1）画出轴的受力简图，如附图L-4a所示。	
四、轴的设计计算	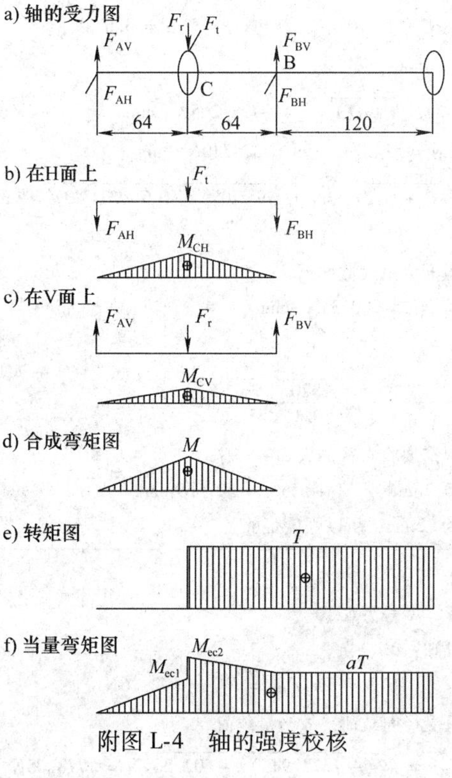 附图 L-4　轴的强度校核	
	由齿轮的受力分析可知：	
	$F_t = \frac{2T_{II}}{d_2} = \frac{2 \times 374740N \cdot mm}{224mm} = 3345.89N$	$F_t = 3345.89N$
	$F_r = F_t \cdot \tan\alpha = 3345.89N \times 0.36 = 1204.52N$	$F_r = 1204.52N$
	2）画出水平面的受力图，如附图L-4b所示。	
	由平衡方程可得：$F_{AH} = F_{BH} = -1672.945N$	
	C截面的弯矩	
	$M_{CH} = -F_{AH} \times 64mm = 1672.945 \times 64N \cdot mm = 107068.48N \cdot mm$	$M_{CH} = 107068.4N \cdot mm$
	画出弯矩图，如附图L-4b所示。	
	3）画出竖直平面的受力图，如附图L-4c所示。	$M_{CV} = 38544.64N \cdot mm$
	由平衡方程可得：$F_{AV} = F_{BV} = 602.26N$。	

（续）

设计项目	计算及说明	主要结果
四、轴的设计计算	C 截面的弯矩 $M_{CV}=F_{AV}\cdot 64\text{mm}=602.26\times 64\text{N}\cdot\text{mm}=38544.64\text{N}\cdot\text{mm}$ 画出弯矩图，如附图 L-4c 所示。 4）合成弯矩 $M=\sqrt{M_{CH}^2+M_{CV}^2}=\sqrt{107068.48^2+38544.64^2}\text{N}\cdot\text{mm}=113795.205\text{N}\cdot\text{mm}$ 画出合成弯矩图，如附图 L-4d 所示。 5）画出转矩图，如附图 L-4e 所示。 $T_{\text{II}}=374.74\text{N}\cdot\text{m}=374740\text{N}\cdot\text{mm}$ 6）画出当量弯矩图，如附图 L-4f 所示。 由公式 $M_e=\sqrt{M^2+(\alpha T)^2}$ ，转矩按脉动循环，取 $\alpha=0.6$ ， C 截面左侧无转矩即 $T_{\text{II}}=0$ $M_{ec1}=\sqrt{M^2+(\alpha T)^2}=113795.205\text{N}\cdot\text{mm}$ C 截面右侧有扭矩即 $T_{\text{II}}=374.74\text{N}\cdot\text{m}=374740\text{N}\cdot\text{mm}$ $M_{ec2}=\sqrt{M^2+(\alpha T)^2}=\sqrt{M^2+(\alpha T)^2}=\sqrt{113795.205^2+(0.6\times 374740)^2}\text{N}\cdot\text{mm}$ $=252000.34\text{N}\cdot\text{mm}$ 由当量弯矩图可知 C 截面为危险截面 当量弯矩最大值为 $M_{ec2}=252000.34\text{N}\cdot\text{mm}$ 。 7）验算轴径 $d\geqslant\sqrt[3]{\dfrac{M_e}{0.1[\sigma_{-1b}]}}=\sqrt[3]{\dfrac{252000.34}{0.1\times 55}}\text{mm}=35.78\text{mm}$ 因为 C 截面有键槽所以需要将直径加大 5%，则 $d=35.78\text{mm}\times(1+5\%)=37.569\text{mm}$ 而 C 截面的设计直径为 52mm，所以强度足够。	$M=113795.205\text{N}\cdot\text{mm}$ $T_{\text{II}}=374740\text{N}\cdot\text{mm}$ $M_{ec1}=113795.205\text{N}\cdot\text{mm}$ $M_{ec2}=252000.34\text{N}\cdot\text{mm}$
五、轴承的选择及校核计算	计算输出轴轴承的寿命 初选轴承为深沟球轴承，型号为 6210。 由大齿轮的受力分析可知： $F_{Az}=F_{Bz}=-1672.945\text{N},F_{Ay}=F_{By}=602.26\text{N}$ 由于是深沟球轴承，只受径向载荷，故当量载荷 $P=F_r=\sqrt[2]{F_{Az}^2+F_{Ay}^2}=\sqrt[2]{(-1672.945)^2+602.26^2}\text{N}=1778.05\text{N}$ 轴承寿命的计算公式为： $L_{10h}=\dfrac{10^6}{60n_{\text{I}}}\left(\dfrac{f_tC}{f_pP}\right)^{\varepsilon}$ 根据已知工作条件，查机械设计基础教材表 12-8 和表 12-9，得：$f_t=1.0$ ，$f_p=1.1,\varepsilon=3$ ；所选轴承型号为 6210，查机械设计基础课程设计指导书，轴承 6210 的基本额定动载荷 $C=35\text{kN}=35000\text{N}$ 。 代入公式计算可得： $L_{10h}=\dfrac{10^6}{60n_{\text{II}}}\left(\dfrac{f_tC}{f_pP}\right)^{\varepsilon}=\dfrac{10^6}{60\times 80.02}\left(\dfrac{1.0\times 35000}{1.1\times 1778.05}\right)^3\text{h}=1193560.3\text{h}$ 因为 $L_{10h}=1193560.3\text{h}>24000\text{h}$ 所以，轴承预期寿命足够。	输出轴轴承型号为 6210

（续）

设计项目	计算及说明	主要结果
六、键联接的选择及校核	1）输入轴与带轮配合采用平键联接 由轴径 $d_6=26\text{mm}$，$L_6=152\text{mm}$，选 A 型平键。 查机械设计基础教材表 10-1 和表 10-2，取键的尺寸为：键 8×7×90　GB/T 1096—2003 校核键的强度： $$\sigma_p=\frac{4T_{\mathrm{I}}}{dhl}=\frac{4\times97590}{26\times7\times(90-8)}\text{MPa}=26.16\text{MPa}$$ 查机械设计基础教材表 10-3，$[\sigma_p]=110\text{MPa}$ $$\sigma_p\leqslant[\sigma_p]$$ 故键的强度足够。 2）输出轴与联轴器联接采用平键联接 轴径 $d_6=42\text{mm}$，$L_6=82\text{mm}$，$T_{\mathrm{II}}=374.74\text{N}\cdot\text{mm}=374740\text{N}\cdot\text{mm}$ 查机械设计基础教材表 10-1 和表 10-2：选 A 型键，取键的尺寸为：键 12×8×70 GB/T 1096—2003 校核键的强度： $$\sigma_p=\frac{4T_{\mathrm{II}}}{dhl}=\frac{4\times374740}{42\times8\times(70-12)}\text{MPa}=76.92\text{MPa}$$ 查机械设计基础教材表 10-3，$[\sigma_p]=110\text{MPa}$ $$\sigma_p\leqslant[\sigma_p]$$ 故键的强度足够。 3）输出轴与齿轮联接采用平键联接 轴径 $d_3=52\text{mm}$，$L_3=54\text{mm}$，$T_{\mathrm{II}}=374.74\text{N}\cdot\text{mm}=374740\text{N}\cdot\text{m}$ 查机械设计基础教材表 10-1 和表 10-2：选 A 型键，取键的尺寸为：键 16×10×50 GB/T 1096—2003 校核键的强度： $$\sigma_p=\frac{4T_{\mathrm{II}}}{dhl}=\frac{4\times374740}{52\times10\times(50-16)}\text{MPa}=84.78\text{MPa}$$ 查机械设计基础教材表 10-3，$[\sigma_p]=110\text{MPa}$ $$\sigma_p\leqslant[\sigma_p]$$ 故键的强度足够。	输入轴与带轮配合采用 A 型平键 键 8×7×90GB/T 1096—2003 输出轴与联轴器联接采用 A 型键， 键 12×8×70 GB/T 1096—2003 输出轴与齿轮联接采用 A 型平键 键 16×10×50 GB/T 1096—2003
七、联轴器的选择	从动轴通过联轴器与工作机联接，且直径最小处与联轴器联接，由于轴的转速低，传动的转矩较大，又因为减速器轴与工作机轴之间往往有较大的轴线位移，因此常选用刚性可移式联轴器，故选择凸缘联轴器。 在选择联轴器型号时，应同时满足下列两式 $$T_c\leqslant T_m$$ $$n\leqslant[n]$$ $$T_c=K_A T_{\mathrm{II}}=1.2\times374740\text{N}\cdot\text{mm}=449688\text{N}\cdot\text{mm}$$ $$n=80.02\text{r/min}$$ 故查机械设计基础课程设计指导书，选择 GYS6J1 型轴孔的凸缘联轴器。	GYS6J1 型轴孔的凸缘联轴器

（续）

设计项目	计算及说明	主要结果
八、润滑与密封设计	齿轮的圆周速度 $v = 0.94\text{m/s}$，因此齿轮的润滑方式选择浸油式润滑。 轴承的润滑方式为脂润滑。 在输入轴和输出轴的外伸端，都必须在轴承端盖孔内安装密封件。常用的是毡圈式密封。 输入轴外伸端的轴径 $d_5 = 32\text{mm}$，查机械设计基础课程设计指导书： 选择　毡圈 44 FZ/T 92010—1991 输出轴与轴承端盖配合的轴径 $d_5 = 49\text{mm}$，查机械设计基础课程设计指导书： 选择　毡圈 60 FZ/T 92010—1991 具体尺寸，详见指导书附表 F-1。	毡圈 44 FZ/T 92010—1991 毡圈 60 FZ/T 92010—1991
九、减速器附件的设计	一般情况下，为制造和加工方便，采用铸造箱体，材料为铸铁。箱体结构采用剖分式，剖分面选择在轴线所在的水平面。 箱体中心高度 $H = \frac{d_{a2}}{2} + (50 \sim 70)\text{mm} = \frac{305.5}{2}\text{mm} + (50 \sim 70)\text{mm} = 202.75 \sim 222.75\text{mm}$ 取中心高度 $H = 210\text{mm}$ 取箱体厚度 $\delta = 10\text{mm}$，箱盖壁厚 $\delta_1 = 10\text{mm}$。 查表 4-5，检查孔尺寸 $A_1 = 100\text{mm}, B_1 = 75\text{mm}$。 检查孔盖板 $A = 160\text{mm}, B = 135\text{mm}, A_2 = 130\text{mm}, B_2 = 105\text{mm}$。材料 Q235，厚度 $h = 3\text{mm}$。盖板螺钉 4 个 M10。 查表 4-6，通气孔选 M16×1.5。 起吊装置选用在箱座上铸造出吊耳。 查附表 E-14，选择公称直径为 $d = 3\text{mm}$ 的圆柱销钉。 查表 4-9，选择 M16×1.5 的放油塞。 查表 4-8，选择 M12 的油标尺。	$H = 210\text{mm}$
十、设计小结	（略）	
十一、参考文献	[1] 赵永刚. 机械设计基础［M］北京：机械工业出版社，2016. [2] 赵永刚. 机械设计基础课程设计指导书［M］北京：机械工业出版社，2014. [3] 吴宗泽. 机械零件设计手册［M］北京：机械工业出版社，2004.	

参考文献

[1] 陈立德. 机械设计基础课程设计指导书［M］. 2版. 北京：高等教育出版社，2004.

[2] 王少岩，郭玲. 机械设计基础实训指导［M］. 3版. 大连：大连理工大学出版社，2009.

[3] 柴鹏飞，王晨光. 机械设计课程设计指导书［M］. 北京：机械工业出版社，2009.

[4] 于兴芝. 机械零件课程设计［M］. 北京：机械工业出版社，2009.

[5] 黄珊秋. 机械设计课程设计［M］. 北京：机械工业出版社，2005.

[6] 孙宝均. 机械设计课程设计［M］. 北京：机械工业出版社，2005.

[7] 徐春艳. 机械设计基础［M］. 北京：北京理工大学出版社，2006.

[8] 吴宗泽. 机械零件设计手册［M］. 北京：机械工业出版社，2004.

[9] 孟玲琴，王志伟. 机械设计基础课程设计指导书［M］. 北京：北京理工大学出版社，2012.